QCサークル 10の力

職場第一線の人材育成

岩崎日出男【監修】　北廣和雄　松尾　寿【編】

QCサークル近畿支部「QCサークル10の力」ワーキンググループ／QCサークル近畿支部7企業【著】

日科技連

序　文

　日本でQCサークルが生まれたのは，1962年である．QCサークル本部を設置し，QCサークルの結成を呼びかけ，全国各地に支部をつくり，本部登録制を設けるなど，QCサークル活動の普及と推進の組織づくりが行われた．

　その後，QCサークルは，燎原に火のごとく，津々浦々で，その活動が展開されて行った．それは国内のみならず，海外の多くの国・地域にまで広がって行った．このようにQCサークルが国内だけでなく，世界的規模で普及・発展してきたのは，そこに「QCサークルの力」があったからである．

　QCサークル近畿支部では，QCサークルの正しい普及，企業におけるQCサークル活動の活性化を心掛け，そのための支部活動を展開してこられた．この度，QCサークル活動が現場の人材育成に果たしてきた大きな役割と効果に着眼し，"QCサークル活動で培われる力"を10項目にまとめられた．

　まとめるに当たっては，岩崎日出男近畿大学名誉教授を中心にワーキンググループを結成し，各社の事例を集めるなかから10項目に絞り込み，「QCサークル活動の10の力」としてまとめられたものである．

　本書では，QCサークル活動を積極的に推進することにより，QCサークルリーダー・メンバーには，次の10項目が身につくといっている．

　① 問題解決型の現場をつくる力
　② リーダーシップを育成する力
　③ 平時，有事の現場力を向上する力
　④ 疑問を持つ心を醸成する力

序　文

⑤　現場を見える化する力
⑥　問題解決力を養成する力
⑦　組織能力を向上する力
⑧　イノベーションを創出する力
⑨　工程で品質をつくり込む力
⑩　愚直に粘り強く継続する力

　これらの10項目のそれぞれについて，力を養うための必要事項を2～5項目明示したうえで，この力をつけるためには「どうしなければならないか」，「どのようにやれば効果が上がるのか」といった点について，丁寧で簡潔な解説がつけられている．そして，項目末には「ポイント」として十数項目にわたる要約が整理されている．このポイントは，まさしくQCサークル活動の格言ともいえるものである．

　本書は，QCサークル活動の推進，QCサークルリーダー・メンバーの能力向上，企業の人材育成に役立つ好著である．"QCサークル活動が成し遂げてきた貢献する力"について，ここまで見事にまとめあげられた近畿支部の皆さんに心からのお礼を申し上げる．

　ビジネスを，人生を，より深く，濃く，豊かに輝かせるために，QCサークル活動のさらなる飛躍を図り，"QCサークル10の力"を発揮していただきたいものである．

　本書がQCサークルに関係する経営者，管理者，推進者，QCサークルリーダー・メンバーなどの多くの方々に活用されることを期待する．

　2016年11月

品質管理総合研究所　代表取締役所長

細谷　克也

まえがき

　TQM 活動を行う目的は，組織を構成するすべての人々が，常にお客様の視点で物事を考えて，良い製品やサービスを提供し，顧客価値を創造し続け，その結果，継続的に企業が成長・発展することにある．この成長・発展を実現する場面において，「QC サークル活動（小集団改善活動）」（以下，QC サークル活動）が大きな役割を果たしている．

　平成 26（2014）年に QC サークル近畿支部の発足 50 周年を迎えることができた．支部として，50 年の長きにわたり，QC サークル活動を継続・発展してきたことは非常に大きな意義がある．この間，ご尽力いただいた多くの諸先輩方をはじめ関係者に深く敬意を表す．

　多くの企業では，QC サークル活動の導入目的を，一貫して「人材育成・職場活性化のため」と位置づけている．「ものづくりはひとづくり」といわれるように，わが国には，「人を育てる文化」がある．QC サークルの基本理念にも職場の活性化を目的とした人の成長の重要性を明確に定義している．QC サークル活動は，日本のものづくりの国際競争力を高めてきた大きな柱の一つとして世界中から注目されている．

　わが国は，ものづくり産業やサービス産業等を含む職場の第一線で働く人びと全員が，QC サークル活動に参加して継続的な改善を続けることにより現場力を高めてきた．この力は，個人や組織の活性化に大きく貢献し，日本企業の発展に貢献してきたことは事実である．

　QC サークル本部は，QC サークル活動を以下のように定めている（『QC サークルの基本』（日本科学技術連盟）より抜粋）．

「QC サークルとは，
　　第一線の職場で働く人々が

まえがき

　継続的に製品・サービス・仕事などの質の管理・改善を行う
　小グループである．

　この小グループは，
　　運営を自主的に行い
　　QCの考え方・手法などを活用し
　　創造性を発揮し
　　自己啓発・相互啓発をはかり
活動を進める．

　この活動は，
　　QCサークルメンバーの能力向上・自己実現
　　明るく活力に満ちた生きがいのある職場づくり
　　お客様満足の向上および社会への貢献
をめざす．

　経営者・管理者は，
　　この活動を企業の体質改善・発展に寄与させるために
　　人材育成・職場活性化の重要な活動として位置づけ
　　自らTQMなどの全社的活動を実践するとともに
　　人間性を尊重し全員参加をめざした指導・支援
を行う．」

　また，QCサークル活動の基本理念として，以下が挙げられている．
- 人間の能力を発揮し，無限の可能性を引き出す．
- 人間性を尊重して，生きがいのある明るい職場をつくる．
- 企業の体質改善・発展に寄与する．

まえがき

　このように，QC サークル活動の基本は，現場の人材育成により人間性を尊重した活力ある職場の確立をねらいとしていることがわかる．

　さて，平成 27（2015）年度および平成 28（2016）年度の QC サークル本部方針は，「QC サークル活動により，日本の"ものづくり・サービス"のダントツ化を図ろう！」というテーマのもと，以下が掲げられている．

① チームワークで仕事の達成感と自己成長をはかる！（人間力）
② より確かな目標に挑戦するリーダーシップの育成！（仕事力）
③ QC サークル活動支援を通じて，管理・監督者のマネジメント能力の向上を図る！（職場力）
④ 全社一丸となったスピード感あふれる改善活動の活性化！〜 QC サークル活動優良企業・事業所表彰〜（組織力）
⑤ 全社的な TQM 推進における管理・間接部門も含めた，品質・機能，安全・安心，顧客満足度など，経営の質的向上！（経営力）

そして，本部・支部・地区の活動としては，以下が掲げられている．

① 経営者・管理者に対するフォーラム・コミュニティの開催など，QC サークル活動活性化への継続的支援活動
② QC サークル活動発表者への動機付け（QC サークル本部幹事長賞）と参加者動員のための企画・運営の工夫
③ 支部長会社・地区長会社・幹事会社の負担軽減のための運営の効率化や分担の工夫・任期の見直し
④ 地域の経済を担う中堅企業や生活を支える医療・福祉団体などと密着した活動
⑤ 小規模企業への QC サークル活動の普及・拡大・推進活動
⑥ 行政，学界や経済団体との連携による，地域の特色を生かした運営

一方，近畿支部では，平成 26（2014）年度の近畿支部中期計画（2014 〜

まえがき

2016)として，以下の活動目的と中期方針を設定した．
- 活動目的：支部内企業・組織・団体等の現場力を高める人材育成の支援を目的とする
- 中期方針：サークル活動は人材育成の最良の手段と捉え，近畿支部・地区の行う人材育成のありたい姿の定着をめざす

そして，平成27(2015)年度の活動方針である，「厳しい支部・地区運営の現状を踏まえ，次の飛躍と継続可能な運営に向け足元を固める」のテーマのもと，以下を掲げることになった．
① 「10の力」を軸とした，サークル活動のメリットの発信と普及拡大
② 効率的な支部・地区業務に向け，全体最適の視点からの業務見直しと改善
③ 中堅人材を中核とした活動運営に向け，支部・地区関係者全体のバックアップ

さらに，平成28(2016)年度の活動方針として，「普及・拡大活動の原点に立ち返り，その活動を基盤に支部，地区の活動を活性化させる」を設定したが，その重点活動は例えば，以下のようなものである．
① 普及・拡大のノウハウの共有化(資料のライブラリー，アプローチ，勧誘の仕方など)
② 支部・地区と賛助会員会社との双方向のコミュニケーションの向上
③ 経営幹部への普及・拡大の方法の検討

このような活動のもとに，幹事会社・賛助会員会社の人材育成，一般会社の人材育成，さらに支部・地区役員の人材育成を基本柱とした実施事項を展開している．

近畿支部・地区におけるQCサークル活動は，各種発表大会や多くの研修を通して職場の第一線の人々の人材育成に大きな役割を果たしてき

まえがき

ている．

　これらの役割（効果）を職場における第一線の人々がもつ人材育成の視点から『QCサークル活動10の力』としてまとめたのが本書である．

　本書がQCサークル活動の意義・重要性を再認識し，職場第一線の人材育成の強化に少しでも役立つことを期待している．また，QCサークル活動により現場力が向上し，企業の発展に貢献できる人材育成の一助となれば幸いである．

　2015年は，QCサークルの父　石川馨先生の生誕100年の年であった．このような時期に本書を発刊できることは大変幸せでもある．

　なお，本書は2015年度の品質月間テキストNo.412「QCサークル活動10の力―QCサークル活動は，人を育て現場を活性化させる最良の手段―」として出版した内容に加筆・修正し，さらに近畿支部の運営にかかわる企業のうち7社からの事例を追記したものである．この場を借りて，執筆にご協力いただいた支部・地区の関係者の方々に感謝申し上げる．

2016年11月

監修者　岩崎日出男

【執筆にご協力いただいたワーキンググループと企業メンバー】

■ QCサークル近畿支部「QCサークル10の力」ワーキンググループ（五十音順）

岩下吉弘
宇山　充
小椋岩男
加納武司
笹部晴美
柴田晴之
島田次郎
竹内康道
花田貴志
前田豊和

■ QCサークル近畿支部7企業（五十音順）

㈱エクセディ
関西電力㈱
コマツ大阪工場
㈱ジェイテクト
積水化学工業㈱
ダイハツ工業㈱
パナソニック㈱

目　次

序　文 …………………………………………………………………………… iii
まえがき ………………………………………………………………………… v

1章　QCサークル活動に期待する現場力 ………………………… 1
1.1　QCサークル活動の基本 ……………………………………… 2
1.2　QCサークル活動と現場の人材育成 ………………………… 3

2章　QCサークル活動10の力 ……………………………………… 7
2.1　QCサークル活動の力(1) …………………………………… 8
「業務遂行型から問題解決型現場の確立に有効である」
QCサークルは，現場のあらゆる問題にチャレンジする集団
2.2　QCサークル活動の力(2) …………………………………… 13
「自主リーダーシップの育成に有効である」
QCサークルは，現場作業者の目的意識を高める集団
2.3　QCサークル活動の力(3) …………………………………… 17
「平時の現場力と有事の現場力の向上に有効である」
QCサークルは，日常管理の実力を向上する集団
2.4　QCサークル活動の力(4) …………………………………… 22
「疑問をもつ心の醸成に有効である」
QCサークルは，その先に起こる問題を先取りする集団
2.5　QCサークル活動の力(5) …………………………………… 27
「現場の見える化により共通認識の向上に有効である」
QCサークルは，現場の見える化を実践する集団
2.6　QCサークル活動の力(6) …………………………………… 31
「現場の問題解決に必要な実力養成に有効である」
QCサークルは，データを大切にして事実で考え行動できる集団

目　次

2.7　QCサークル活動の力(7) ································· 36
　　　「組織(集団)の能力向上に有効である」
　　　　QCサークルは，全員参加の組織能力を高める集団
2.8　QCサークル活動の力(8) ································· 40
　　　「現場のイノベーション創出とナレッジワーカー育成に有効である」
　　　　QCサークルは，現場の小さな改善によって知恵と工夫を生み出す集団
2.9　QCサークル活動の力(9) ································· 45
　　　「「品質は工程でつくり込む」の考えを養うのに有効である」
　　　　QCサークルは，QC的ものの見方・考え方を身につける集団
2.10　QCサークル活動の力(10) ································ 50
　　　「継続する力(ねばり，執着，愚直)の発揮に有効である」
　　　　QCサークルは，部門，人の壁を越えた議論により現場の成果を生み出す集団

3章　QCサークル活動による人材育成の企業事例(五十音順)

　　　·· 57
　3.1　事例1「株式会社エクセディ」 ························· 59
　　　3.1.1　当社のQCサークル活動の歴史とその役割　59
　　　3.1.2　QCサークル活動がもつ現場力向上の特徴(工夫)　60
　　　3.1.3　QCサークル活動の活性化における役職者の役割と実践　61
　　　3.1.4　QCサークル活動に求める人材育成の役割　62
　3.2　事例2「関西電力株式会社」 ·························· 64
　　　3.2.1　当社のQCサークル活動の歴史とその役割　64
　　　3.2.2　QCサークルがもつ現場力向上の特徴(工夫)　67
　　　3.2.3　QCサークル活動の活性化における役職者の役割と実践　68
　　　3.2.4　QCサークルに求める人材育成の役割　69
　　　3.2.5　おわりに　70
　3.3　事例3「コマツ大阪工場」 ···························· 72
　　　3.3.1　コマツ大阪工場のQCサークルの歴史とその役割　72
　　　3.3.2　QCサークル活動のしくみ　74
　　　3.3.3　QCサークル活動の活性化における管理職(上司(管理者・監督者))

　　　　の役割と実践　76
　　3.3.4　QCサークルに求める人材育成の役割　78
3.4　事例4「株式会社ジェイテクト」………………………………… 80
　　3.4.1　当社のQCサークルの歴史とその役割　80
　　3.4.2　QCサークルがもつ現場力向上の特徴　81
　　3.4.3　QCサークル活動の活性化における支援者(課長)の役割と実践　83
　　3.4.4　QCサークルに求める人材育成の役割　85
3.5　事例5「積水化学工業株式会社」………………………………… 87
　　3.5.1　当社の小集団改善活動(QCサークル活動からグループ改善活動へ)
　　　　の歴史と役割　87
　　3.5.2　QCサークル活動がもつ現場力向上の特徴(工夫)　88
　　3.5.3　QCサークル活動の活性化における上長・管理者の役割と実践　90
　　3.5.4　QCサークルに求める人材育成の役割　93
3.6　事例6「ダイハツ工業株式会社」………………………………… 95
　　3.6.1　当社のQCサークル活動の歴史とその役割　95
　　3.6.2　QCサークルがもつ現場力向上の特徴(工夫)　96
　　3.6.3　QCサークル活動の活性化における管理職の役割と実践　98
　　3.5.4　QCサークルに求める人材育成　99
3.7　事例7「パナソニック株式会社」………………………………… 100
　　3.7.1　当社のQCサークル活動の歴史とその役割　100
　　3.7.2　環境変化と当社のQCサークル活動の位置づけ　101
　　3.7.3　QCサークル活動の活性化における管理職の役割と実践　102
　　3.7.4　QCサークルに求める人材育成の役割　104

4章　現場の人材育成におけるQCサークルの役割 …………… 109
4.1　職場第一線の人材育成におけるQCサークルの6つの役割 …… 110

あとがき………………………………………………………………… 115
参考文献………………………………………………………………… 117
索　　引………………………………………………………………… 118

1章

QCサークル活動に期待する現場力

1.1 QCサークル活動の基本

「QCサークル活動（小集団改善活動）」（以下，QCサークル活動）は，総合的（全社的）品質管理（TQM）の一環として製造現場，事務間接職場の第一線にいる従業員の全員参加のもとで，モラールを高めるとともに品質意識，問題意識，改善意識の高揚をはかる活動といえる．

『QCサークルの基本』（日本科学技術連盟）では，QCサークル活動の基本理念を，「人間の能力を発揮し，無限の可能性を引き出し，人間性を尊重して，生き甲斐のある明るい職場をつくり，企業の体質改善・発展に寄与する」と定義している．この理念は，職場第一線で活躍する人々の成長とその職場（組織）の活性化をねらいとしているもので，その結果として企業が成長・発展していくことに寄与するという考え方である（**図 1.1**）．

また，QCサークル本部は，QCサークル活動を以下のように定めている（『QCサークルの基本』（日本科学技術連盟）より一部抜粋）．

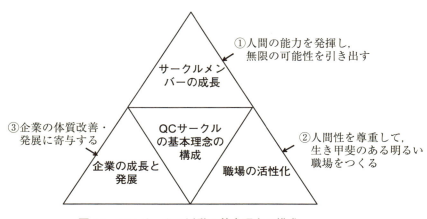

図 1.1　QCサークル活動の基本理念の構成

「QCサークルとは，第一線の職場で働く人々が継続的に製品・サービス・仕事などの質の管理・改善を行う小グループである．この小グループは，運営を自主的に行い，QCの考え方・手法などを活用し，創造性を発揮し，自己啓発・相互啓発をはかり，活動を進める．

この活動は，QCサークルメンバーの能力向上・自己実現，明るく活力に満ちた生きがいのある職場づくり，お客様満足の向上および社会への貢献をめざす．

経営者・管理者は，この活動を企業の体質改善・発展に寄与させるために，人材育成・職場活性化の重要な活動として位置づけ，自らTQMなどの全社的活動を実践するとともに，人間性を尊重し全員参加をめざした指導・支援を行う」

このことからもわかるようにQCサークル活動は職場第一線で働く人々の人間としての能力を向上させ，人間性を尊重した明るい職場をつくり上げ，働く喜びをもち企業の発展に貢献できる人材の育成をねらいとしている．

QCサークル活動は，グループを構成しメンバー間の相互啓発により，自分たちで気づき，工夫して，実行する活動を通じて「仕事に必要な基本的知識や専門的知識の習得」「仕事の本質，意味を理解し，現場に求められる仕事を確実にやりきるための自覚」を促す活動である．そのため，組織が求める自立創造型人材を育て，現場作業者の自主性，自発性，自律性を育み自分で考え行動できる現場の人材育成の力をもっている．

1.2 QCサークル活動と現場の人材育成

QCサークルに関する書籍の多くは，QCサークルの活動のノウハウ

である．すなわち，サークルの構成や活動の進め方などの方法論に関する内容が多い．また，「これからQCサークルを導入したいが，どのような手順で進めていけばよいか」「長くQCサークルを実施してきたが，ここ数年活動が停滞しているので，どのようにして打破するのか」といった悩みを解決するための参考書も多く出版されている．

　大切なことは，「何のためにQCサークル活動を実施しているのか」を考え，その本質をそれぞれの企業が明確にすることである．その本質を一言でいえば，「職場第一線で働く人々と経営者を含めた管理・監督者の人材育成を目的として位置づけていること」である．ここで，「なぜ，あえて経営者や管理監督者たちの人材育成を含めているか」といえば，職場第一線で実施しているQCサークル活動の本質を理解し，正しく指導・育成および支援できる能力を要求しているからである．

　1.1節でも述べたが，『QCサークルの基本』では，「経営者・管理者は，この活動を企業の体質改善・発展に寄与させるために，人材育成・職場活性化の重要な活動として位置づけ，自らTQMなどの全社的活動を実践するとともに，人間性を尊重し全員参加をめざした指導・支援を行う」と明記されている．QCサークル活動に求めるものは，企業によって異なってよいが，本質的な期待は職場第一線で働く人々の人材育成の手段である．QCサークル活動は，職場第一線の人々に期待する人材要件を向上させるための理論と実践を兼ね備えた極めて有効な場であるといえる．QCサークル活動によって，品質を中核とした「意識」と「能力」を兼ね備えた優秀な職場第一線の人材が育成されれば，間違いなく企業体質は強化され，企業の成長と発展に結びつくはずである．

　QCサークル活動における経営者や管理者の役割は，現場力（職場第一線の人材育成と職場の活性化）をねらいとして自らTQMを実践し，人間性の尊重と全員参加の環境づくりに努力しなければならない（**図1.2**）．

1.2 QCサークル活動と現場の人材育成

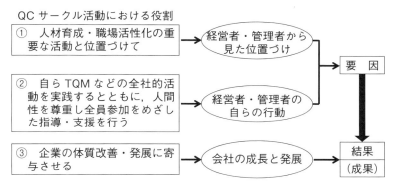

図1.2 QCサークル活動における経営者・管理者の役割

次章で解説するQCサークル活動の力としてまとめた10の項目は，現場力(職場第一線の人材育成と職場の活性化)の原点をまとめたものである．これらの力の背景には経営者や管理者の指導と支援がなければ発揮できない．「企業は人なり」といわれるが，人は自然に育ち成長するものではなく，成長できる環境を経営者や管理者のリーダーシップのもとで全員でつくることが重要である．とくに管理者は，ミドルトップダウンの役割を最大に発揮して自社の成長・発展に貢献できる職場第一線の人材育成に努力しなければならない．

現場は，常に変化している．作業者，設備，材料，作業方法などが確立され，標準類が整備されている現場においても100％の良品が保証されているとは限らない．安定した現場においても製品品質や工程状態は，あらゆる要因で常に変化している．どのような変化で，いつ不安定な状態になるかもしれない．現場力とは，このような状態になったときに，「その原因を追求し解決できる力」「個人ではなく現場作業者全員が一致協力して問題解決に当たる力」「後工程に満足されるもっと高いレベルの現場を目指す意欲」をもち続ける実力のある現場のことであろう．

そのためには，「業務における固有知識を活用できる力」「安定な状態を維持し続ける力」「変化に対応できる現場の組織力」という3つの能力を必要とする．経営者や管理者は，このような能力をもつ職場第一線の人々を育成する責任を果たすために教育をはじめとする人材育成のあらゆる施策を実施しなければならないが，その最良の方法こそがQCサークル活動なのである．

2章

QCサークル活動 10の力

2章　QCサークル活動10の力

「QCサークル活動（小集団改善活動）」（以下，QCサークル活動）が職場の人材育成に有効な手段であることはよく知られている．本章では，QCサークル活動がもつ職場の人材育成の効果を以下のような10の力として整理した．

2.1　QCサークル活動の力（1）

「業務遂行型から問題解決型現場の確立に有効である」

QCサークルは，現場のあらゆる問題にチャレンジする集団

---

① 仕事を無難に遂行するだけの現場から，より強い現場への脱皮に有効である

② 現場における問題を発見し，解決できる能力を身につけるのに有効である

③ 現場における日々のSDCAサイクルの実行とさらに挑戦的な高い目標へ積極的にチャレンジする現場魂を醸成するのに有効である

【解説】
① 仕事を無難に遂行するだけの現場からより強い現場への脱皮に有効である
《指示待ちの仕事から目的をもつ自主的な仕事のやり方へ変わる》
現場，特に作業現場は標準をしっかり守り，ミスのない作業を心がけなければならない．与えられた仕事をミスなく無難にこなすことは非常

に重要なことである．しかし，仕事を無難に遂行してもミスは起きる可能性がある．また，標準どおりの作業を実施しても思いもかけない問題は発生する．日々現場で発生する問題を放っておかず，速やかに対処してはじめて自らに与えられた仕事を果たしたといえる．

仕事の能力が問われるのは，まずは「与えられた仕事を決められた期日までに，確実に実行できるかどうか」である．このとき，よい結果を出すためには，次の2つの能力が必要となる．

❶ その仕事に必要な基本的知識や専門的知識
❷ その仕事の本質，意味を理解し，結果として確実にやりきるための自覚

与えられた仕事を無難に遂行することだけであれば，前者の①のみでも可能だが，仕事の目的（何のためにその仕事をしなければならないのか）を考え，「より確実に，より効率的にその目的を達成しよう」という姿勢で仕事を進めていくためには，後者の②の能力が必要となる．一般にいわれる指示待ち人間（指示待ちの仕事）は②の能力に問題があると思われる．②の能力は，仕事の遂行中に発生する問題を速やかに解決できる能力も含まれている．組織（上司や仲間）の期待に応えて良い仕事ができるためには①と②の両方の能力が必要となる．

与えられた仕事には，上司や仲間などから，「これをしてくれるに違いない」とか，「ぜひこうしてもらいたい」という期待が込められている．その期待に応えるためには，指示を待ち，無難に仕事をこなすだけでなく，「自分の仕事は何であるか」「その仕事を効果的・効率的に果たすためにどのような行動をとればよいのか」「仕事上発生したトラブルをどのように解決すればよいのか」「仕事はやり終えたが，そのやり方でよかったのか」などを見つめ直す能力を身につけなければならない．

『QCサークル活動は，グループを構成しメンバー間の相互啓発により，自分たちで気づき，工夫して，実行する活動を通じてその仕事に必

要な基本的知識や専門的知識の習得，ならびにその仕事の本質，意味を理解し，結果として確実にやりきるための自覚を促す能力を向上させる力をもっている』．

② **現場における問題を発見し，解決できる能力を身につけるのに有効である**
《つくり込みの品質を第一に考える問題解決の能力が育つ》

　現場は，常につくり込み品質を第一と考え，工程で品質をつくる活動を実践しなければならない．その基本は5S活動である．

　5S活動は現場における働きやすい環境のありたい姿の実現を目指す基本的な改善活動といえる．製造現場は，製造品質の向上，製造原価の低減，生産効率の向上，生産現場の安全などを目的として活動しているが，その出発点となる取組みは5S活動である．特に，整理，整頓，清掃は重要な要素であり，これらが徹底して実施されていない現場には，安全，品質，コスト，生産性のいずれにおいても好ましい結果を期待することはできない．一方，躾，清潔という人のこころに影響する活動は，現場のコミュニケーションを良くし，安全で働きがいのある作業環境をつくり出すことが可能となる．

　5S活動を実践すれば現場の問題が見えてくる．特に，整理，整頓ができていない現場では，部品間違い，組付け間違いなどの作業ミスが発生しやすくなり，標準類にもとづく最良の結果が得られなくなる．また，5S活動は現場の問題を顕在化することができるのだが，顕在化された問題は，現場内で解決しなければならない．この段階で，QC的ものの見方・考え方やQC七つ道具を中心とするQC手法の知識とその活用が重要となる．このような考え方や知識は机上による集合教育で学ぶことも可能だが，現場の仲間で構成されたQCサークルメンバーで相互啓発しながら取り組むことにより問題解決の基本を習得することができ

る．現場での実践により，安全，品質，コスト，生産性などの問題を確実に解決できる能力を向上することができる．

『QCサークル活動は，現場における問題を発見し(問題発見力)，要因を解析し(解析力)，方策を立案・実行し(創造力・実行力)，結果を評価し(評価力)，標準化する(手順・しくみ構築力)という現場力の基本を身につける力をもっている』．

③ **現場における日々のSDCAサイクルの実行とさらに挑戦的な高い目標へ積極的にチャレンジする現場魂を醸成するのに有効である**
《高い目標に挑戦する意欲とやりきる意志が育つ》

現場で発生する問題は，一般にいわれる4M(人，方法，設備，材料)に代表されるようなさまざまな要因で起こり，しかもその問題の大きさも異なる．

現場で重要なのは，標準どおりの作業の実施を基本とするサイクルをしっかり回し，結果が思わしくなければ改善し，より質の高い作業の標準へと改訂していく日常業務における改善活動である．このSDCAのサイクルを回す日常の改善活動は，比較的小さな改善活動が多く，現場の安定化にとって基本となる重要な活動である．

しかし，職場第一線で働く人々は，与えられた仕事を無難に実施するだけでなく，後工程のためにもっと質の高い仕事のレベルを目指して，自ら問題を発見し，解決していく能力を身につけなければならない．この能力は「現場力」と表現されるが，現場力は職場第一線の人々の思いの結集で成り立っている．さらに，挑戦的な目標にチャレンジすることで，より強い現場へと向上させることが可能となる．このような挑戦的目標にチャレンジする過程において問題を解決するプロセスが習得でき，管理技法や専門知識の学習意欲も自然と生み出される．QCサークル活動の実践は，高い目標達成に向けた適度の緊張感がサークルの結束

力を高め，新たな学びの機会をつくり，集団を成長させ，現場力を発揮しやすい土壌を強化することが可能となる．

グループを構成するQCサークル活動は，衆知を結集して改善活動が可能となり，個の能力を超えた能力を発揮することができることから，チャレンジ精神が存分に発揮できる環境を構成できる．

『QCサークル活動は，現場における日々のSDCAサイクルの実行とさらに挑戦的な高い目標へ積極的にチャレンジする現場魂を醸成する力をもっている』．

【ポイント】
結果として，QCサークル活動を実践することは，業務遂行型から問題解決型の現場へ変革するために有効となる．
その主なポイントは，次のような効果が期待できるからである．
- 基本的知識や専門的知識を習得するチャンスができる．
- 仕事の本質とその意味を理解するのに有効である．
- 現場の仲間同士の相互啓発が活発になる．
- 現場のコミュニケーションが活発となり，安全で働きがいのある作業環境をつくり出せる．
- 気づき・工夫の実行から，仕事の目的をより確実に，より効率的に達成できる能力が身につく．
- 5S活動が確実に実践され，現場のモラールが向上する．
- SDCAのサイクルを理解し，質の高い標準を生み出せる．
- 日常の小さな改善活動と高い目標に向けたチャレンジ活動が実践できる．
- 後工程のためにもっと質の高い業務を目指すことができる．
- 挑戦的目標へ積極的にチャレンジする現場魂の醸成が可能となる．

2.2　QCサークル活動の力(2)

「自主リーダーシップの育成に有効である」
QCサークルは，現場作業者の目的意識を高める集団

---

① 現場作業者が自ら考え行動できる体質を醸成するのに有効である
② 現場におけるグループ(小集団)内の相互啓発や協働的な環境をつくり出し，組織の動機づけを高め，グループがもつ目標への挑戦意欲の高揚に有効である
③ 何事にも自らが主体となった行動意識を高めるのに有効である

【解説】
① **現場作業者が自ら考え行動できる体質を醸成するのに有効である**
《自主性，自発性，自律性をもって自分で考えて行動できる》

　QCサークル活動は，与えられたテーマをこなすのではなく，現場作業者自らが現場の問題を発見し，自ら判断して，自ら問題を解決し，自主性・自発性・自律性を発揮する活動である．そのため，QCサークル活動は，「自主管理活動」ともいわれている．

　日常業務のなかではリーダーシップを発揮する場面は限られるが，QCサークル活動では新入社員でもリーダーシップを発揮するチャンスがあり，活動を通じて大きく成長することが可能である．「いわれたからやる，いわれないことはやらない」という指示待ち人間が増え，職場内におけるコミュニケーションの難しさが課題となっている今日，受け身ではなく，自分で考え行動するQCサークル活動を組織に定着させることで，自主リーダーシップの体質が醸成される．

『QCサークル活動は，組織が求める自立創造型人材を育成する最良の手段であり，現場作業者の自主性，自発性，自律性を育み自分で考え行動できる能力を醸成する力をもっている』．

② 現場におけるグループ（小集団）内の相互啓発や協働的な環境をつくり出し，組織の動機づけを高め，グループがもつ目標への挑戦意欲の高揚に有効である
《個（現場作業者）の成長と組織目標の達成に貢献できる》

組織の目標達成に向けた活動は，組織を構成する個人の能力とグループ（組織）の団結力が重要である．とくに作業現場では，問題認識を共有化するために，作業者間のコミュニケーションが重要となる．QCサークル活動は，サークル内のメンバー間で共通のテーマについて意見を出し合い問題解決を進めていくが，この間の活動において自己啓発ならびに相互啓発が行われ参加メンバー間でお互いに刺激を与えながら切磋琢磨し，良い意味での競争心が生まれる．すなわち，グループで行う改善活動の実践体験を通じて，メンバー同士が相互に育て合うことになる．

また，QCサークル活動は，メンバー全員がチームワークを発揮し，協働意識を高めて組織の思いを集約，増幅する場であり，この活動のなかで力を発揮することによりメンバー各自が真のリーダーに育っていく．

さらには，活動を通じて問題意識を共有するため，職場の進むべき方向が明確になってメンバーのベクトルが一致し，これを合成することで，職場目標の達成度が高まり，企業としての組織力を最大化できる．

『QCサークル活動は，職場への帰属意識や仲間意識が高まり，個の成長とともに，組織能力を最大限に発揮させるための力をもっている』．

2.2 QCサークル活動の力(2)

③ 何事にも自らが主体となった行動意識を高めるのに有効である
《組織にとって有能な人材となるために自らの意識改革が可能となる》

組織メンバー全員が生き生きとその能力を発揮している現場は強い．指示待ち，いわれたことだけしかやらない人材は，組織にとって大きなロスである．

現場作業者にとって，自主的・自発的に行動を起こす機会は以外と少なく，日常の業務のなかにおいても少なからず不満をもっていることが多い．現場作業者の多くは，仕事を通じて自分の存在感を上司や同僚から認められたいという自己実現欲をもっている．

個々の人材がその能力を最大限に発揮し，自己実現欲を満たすには，自ら主体性をもった行動を起こすことが必要であり，組織はそのチャンスを積極的に与える役割がある．同様に，現場作業者は，自ら自身の意識を強くもち，自主的・自発的に行動を起こす機会を求めるような働きかけをしなければならない．

QCサークル活動は，個々のメンバーが主体性をもって行動することが学べる意識改革の場であり，自主性，自発性，自律性のある行動意識が創造される場でもある．この行動意識の変化が個々のメンバーの自主リーダーシップを養い，次世代の現場リーダーを育成するのに有効な手段となる．

QCサークル活動を通じて培われる自主性，自発性，自律性は，変化に俊敏に対応しながら日々の業務を着実に実行できる人や組織（集団）を育成する効果がある．

『QCサークル活動は，経営資源としての「人の価値」向上を重視した現場力の強化につながり，何事にも積極的に取り組む行動意識の創造を生み出す力をもっている．すなわち，自分で考え行動する人を育てながら，現場作業者の目的意識を高め，行動意識を創造し，仕事のありたい姿を実現しながら自己実現を果たすことができる力をもっている』．

2章 QCサークル活動10の力

【ポイント】

　結果として，QCサークル活動を実践することは，自主リーダーシップの育成に有効となる．

　その主なポイントは，次のような効果が期待できるからである．

- 現場の問題発見能力が向上する．
- 自ら問題を解決する自主性・自発性・自律性が発揮できる．
- 受け身ではなく，自分で考え行動する習慣が身につく．
- 組織が求める自立創造型の人材が育成できる．
- 問題認識の共有化で作業者間のコミュニケーションが向上する．
- 自己啓発ならびに相互啓発でメンバー間の刺激と競争が生まれる．
- チームワークの発揮で協働意識が高揚する．
- メンバーのベクトルを一致させることができる．
- 個の成長と組織能力の最大限の発揮が可能となる．
- 自分の存在感を認められたいという自己実現欲によりチャレンジ精神が生まれる．
- 次世代現場リーダーの育成に有効な手段となる．
- 人の価値の向上を重視した現場力の強化が図れる．
- 自分で考え行動する現場作業者が多数輩出できる．

2.3 QCサークル活動の力(3)
「平時の現場力と有事の現場力の向上に有効である」
QCサークルは，日常管理の実力を向上する集団

① 日常管理は現場力次第であり，現場力の向上で日常管理のレベルを高めることができる
② 維持と改善は現場の管理の基本であり，効果的な日常管理を可能とする
③ SDCAサイクルの実行により，最良の標準化が達成できる

【解説】
① **日常管理は現場力次第であり，現場力の向上で日常管理のレベルを高めることができる**
《業務に必要な固有技術，管理技術の知識が身につき現場力が高まる》
日常管理のレベルと現場力のレベルは比例する．現場における日常管理は，その現場固有のスキルで標準化され，それらにもとづいて管理されている．つまり，現場における日常管理は，その現場のもつスキル（固有技術と管理技術）の実力によってそのレベルが決まる．

例えば，直行率100％が達成されている現場は，その現場に必要な製造技術と現場作業者，設備，投入材料，作業標準などが確立され，不良が発生しない安定した生産現場であり，その生産活動がしくみとして確立されて運用されている状態といえる．しかし，このような理想的な現場においても製品品質や工程状態は，あらゆる要因で常に変化している．いつ不安定な状態になるかもしれない．現場力とは，このような状

態になったときに，その原因を追求し解決できる力，個人ではなく現場作業者全員が一致協力して問題解決に当たる力，さらにもっとレベルの高い現場を目指す意欲をもつ力をいう．このように，現場力とは，「業務における固有知識を活用できる力」と「安定な状態を維持し続ける力」と「変化に対応できる現場の組織力」の3つの能力から構成されている．

安定した日常管理のレベルを確保するためには，現場力を高めなければならない．このような現場力を身につけるためには，現場管理者は正しい日常管理の活動を理解し，現場作業者と一体になった管理を展開する必要がある．

『QCサークル活動は，安定した現場の維持と改善に大きく寄与し，現場力を高め日常管理のレベルアップに有効な力をもっている』．

② 維持と改善は現場の管理の基本であり，効果的な日常管理を可能とする

《平時の現場力の維持と有事の現場力の改善が実践できる》

製造現場における平時とは，「ねらいどおりの現場の安全，できばえの品質，計画どおりの生産量や製造コストなどの点で，安定した生産活動が展開されている状態のこと」をいう．一方，有事とは「現場における災害，品質不良，生産量・納期遅れ，設備異常，突発的変更などの異常事態が発生したときの状態のこと」をいう．平時の現場は維持を目的とした管理を，有事の現場は改善を目的とした管理が要求される．

現場における日常管理レベルは，現場力で決まるが，平時において必要な現場力と有事において必要な現場力は，その内容が異なる．

平時の現場では，現場力を落とさず維持する静的な現場力が必要である．具体的には，関係するすべての人が決められたしくみを遵守し，確実に実行する現場力のことである．一方，有事の現場では，トラブルの

原因をすばやく発見し，改善できる動的能力に長けた現場力が必要である．具体的には，発生したトラブルに対する異常処置（応急処置を含む）が確実に行われ再発防止のしくみまで展開できる現場力のことである．

この維持の現場力と改善の現場力の両方を有する管理が日常管理であり，それを実践することで「後工程はお客様」の考えを実現できる自工程完結の現場力が達成できる．

現場作業者は日常の業務を通じて現場を最もよく知っている．平時（維持）の現場力，有事（改善）の現場力は現場作業者が身につけなければならない能力であるが，これらの現場力をさらに高めて確固たる日常管理を実現するために，QCサークル活動は大きな力を発揮することができる．

『QCサークル活動は，平時においては標準にもとづく活動を行い，いざというときに備えた問題解決力などの実力を育成したり，モチベーションアップに貢献し，有事においてはスピードある問題解決力の発揮に貢献する力をもっている』．

③ SDCAサイクルの実行により，最良の標準化が達成できる
《標準化とは，常に最良の結果が保証されている状態のこと》

現場における標準の順守はSDCAサイクルを回すことが基本である．SDCAのSは(standard)の頭文字で，その意味のとおり現場で決められた標準を確実に守り実行することの重要性を強調した考え方である．

設定された標準は，それを実行したことで良い仕事，良いアウトプットが保証されていなければならない．一般に日常管理のしくみは，技術的側面やこれまでの経験則から標準化されている．「これで完璧」と考えてつくられた標準であっても残念ながらトラブルは発生する．標準が何かしらの不十分さを内在しているからである．この不十分さを解消する活動が日常管理における改善活動である．標準のレベルを高めるため

には，現場で発生する日常業務からの問題点を抽出し，日常業務のなかで問題解決を実施する必要がある．

「標準とは，誰が仕事（業務）を行っても同じ結果が得られること」のみではなく，その仕事（業務）の結果（アウトプット）が最良（後工程が満足する）の結果になっていることが保証されたものでなければならない．すなわち，日常業務における改善活動が確実に行われていることにより，SDCAサイクルを緻密に確実に継続して回すことが最良の結果（アウトプット）を保証していることにつながる．このサイクルを回し続ける現場力が必要となる．標準のできばえを評価し，不具合が見つかれば改善する．このサイクルを確実に回せる現場力の強化で，日常管理のレベルを確実に上げることができる．

『QCサークル活動は，現場作業者の現場力を強化する活動であり，現場において発生した日常トラブルを解決するためのSDCAを確実に回して，常に最良の結果を得るための継続的な改善活動が実践できる力をもっている』．

【ポイント】

結果として，QCサークル活動を実践することは，平時の現場力と有事の現場力の向上に有効となる．

その主なポイントは，次のような効果が期待できるからである．

- 日常管理のレベル向上のための現場力の向上に貢献できる．
- 現場に必要なスキル（固有技術と管理技術）の実力が身につく．
- 管理された安定な状態の現場の維持と改善に対応できる能力が身につく．
- 平時において必要な現場力と有事において必要な現場力の向上が図れる．
- 「後工程はお客様」を実践する自工程完結の現場が確立できる．

- 質の高い標準を確立するために SDCA サイクルを回すことができる．
- 標準のレベルを高めるためには改善活動の重要性に気づく．
- 標準化の重要性と後工程への仕事の結果を保証する意識が向上する．
- 現場で発生した日常トラブルを速やかに解決し，常に最新の標準へ改訂する行動ができる．

2.4 QCサークル活動の力(4)
「疑問をもつ心の醸成に有効である」
QCサークルは，その先に起こる問題を先取りする集団

---

① 現状を否定し，「なぜ？」の疑問をもつ現場を醸成することができる

② 「今起こっている問題の背景には，その何倍もの問題が潜んでいる」と考えるようになる

③ 過去を知ることを通じて，未来の予測につながることの大切さに気づくようになる

④ 将来のありたい姿から現在を振り返ることで，「今何をすべきか」を考えるようになる

【解説】
① 現状を否定し，「なぜ？」の疑問をもつ現場を醸成することができる

《個人の疑問を組織の疑問へと波及させて現状を打破し，改善活動へとつなげる》

強い現場は，現状に満足せず常に一歩先を考えて行動できる力をもっている．現状を容認してしまうと進歩はなくなる．進歩し続けるためには，現状に対して常に「これでいいのだろうか」と自問しながら，何事にも疑問をもつ意識が重要である．

現状に浸り現状に満足していては，組織の抱える問題は見えてこない．本質的な問題を把握するには，意識の変革が必要となる．

後工程やお客様の立場で自分たちの職場の活動を眺めてみることが必

要である．そうすることで，普段見えないものが見えてくる．例えば，「この仕事の結果で後工程やお客様は満足しているか，何か不満をもっていないだろうか」などを考え，より良い仕事の結果へつなげるための問題を探すことが必要である．そのためには，自分がもつ疑問を職場の組織で話し合い，疑問点の共有化を行うことで現状の問題点や悪さ加減に対する改善のヒントを洗い出すことが重要である．このような考え方や行動が現場内に定着すれば生き生きとした活力のある組織が生まれる．

　『QCサークル活動は，個人の疑問を組織の疑問へと波及させて現状を打破し，改善活動へとつなげる現場力を醸成する力をもっている』．

② 「今起こっている問題の背景には，その何倍もの問題が潜んでいる」と考えるようになる
《見えている問題から見えていない問題を発見する行動が身につく》

　今見えている問題は氷山の一角であり顕在化している問題にすぎない．現場にとって重要な問題は，むしろ氷山の下に隠れている（見えていない）問題のほうがはるかに多いといえる．見えている問題の多くは結果であり，誰もが気づきやすい問題といえる．このような見えている問題を放っておく現場はないだろう．例えば，不良が発生した工程に対してその対策をとらない現場はないだろう．今，不良が発生していなくても「現状の作業のやり方や管理のやり方では，いつかは不良が発生するかもしれない」という危機感をもち，不良が発生しない未然の対策をとることが，現場の管理の実力といえる．見えていない問題を掘り起こし，トラブルの未然防止を行うことは一歩進んだ問題解決といえる．

　『QCサークル活動は，定期的な会合を通してメンバー間の問題意識を高め，普段感じている疑問を共有化させ，見えない問題を掘り起こす力をもっている』．

③ 過去を知ることを通じて，未来の予測につながることの大切さに気づくようになる

《将来を担う職場第一線で「先輩から後輩へ」とスムーズにバトンタッチができる》

現場には先人たちの熱い思いが込められている．過去から血のにじむ努力で培った数々のノウハウが今の現場を支えている．「温故知新」という言葉があるように，先輩が築き上げてきた現場を再認識し，積み重ね，知識の広さや深さを学ぶことで，より効果的・効率的な新しい仕事のやり方を考え出し，改善していくヒントが生まれる．単に経験が重要だというのではなく，経験からの学習のプロセスを通じて「何を思い，その結果，どのような行動をとったのか？」を明らかにすることには大きな意義がある．

例えば，職場第一線の人材育成の重要性は，誰もが認識しているが，「具体的にどのようにすればいいのか」は難しい問題である．経験から学ぶ知識の「広さ」や「深さ」を定量的なデータだけではなく，関係者の生の声をもとに多岐にわたって分析することが重要であり，過去の人材育成を通じて得られた経験則を活かすことで未来の予測が可能となる．現場の将来に対する責任は今の現場で働く人々が担っている．過去からのつながりを大切にしつつ，それが将来の発展につながるような仕事をする必要がある．

『QCサークル活動は，先輩と後輩の混合集団で行われる場合が多いため，活動を通じて，「先輩から後輩へ」知識や経験の伝承が可能となる．このように，陸上のリレーのバトンタッチのような形で後輩たちに託すことで現場の維持と改善の伝承に効果的な力をもっている』．

④ 将来のありたい姿から現在を振り返ることで,「今何をすべきか」を考えるようになる
《相互啓発により将来における現場のありたい姿を議論できる》

　自現場は,与えられた仕事のアウトプットについてのイメージを具体的にもつ必要がある.「後工程は何を求めているのか」「そのためにどのような結果を出せばよいのか」を具体的にイメージできれば,そのための手段もかなり明確になってくる.さらに,結果から振り返り,今の仕事のやり方を客観的に把握することが必要となる.

　今の仕事のやり方で良い結果が得られていないのが現状であれば,速やかに「現状把握から要因分析を行い,有効な対策をとる」という問題解決のプロセスを適用すればよいのだが,特に問題が顕在化していない場合でも「もっと良い現場にしたい」という欲求や期待は誰しもがもっているものである.このようなとき,未来(将来)においてあるべき姿をイメージし,それを起点にすれば,ありたい状態と現状とのギャップ(差)が明確になり,これからの活動の方向性が具体的になる.つまり,将来を予測し現在を振り返ることで,多くの課題を見つけ出すことができる.問題が起こってから行動するのではなく,常に未来(将来)を見据えた仕事のやり方を改善している現場は強い力をもっているといえる.しかし,このように考えたり,実際に行動することは現場作業者個人では大変困難なことといえる.

　『QCサークル活動は,職場内の先輩・後輩や同僚で構成されることが多く,相互啓発により互いに刺激を与えながらこれら将来における現場のありたい姿を議論できる重要な場としての力をもっている』.

【ポイント】

結果として，QCサークル活動を実践することは，疑問をもつ心の醸成に有効となる．

その主なポイントは，次のような効果が期待できるからである．

- 現状に満足せず常に一歩先(ひとつ上)を考えた行動ができる．
- 「なぜ？」「どうして？」と疑問をもつことができる．
- 問題の本質を把握し，意識の変革を心がけるようになる．
- 現状に満足せず，「いつもこれでいいのか」と自問自答し疑問を持ち続けるようになる．
- 今見えている問題は氷山の一角と考えられるようになる．
- 疑問の共有化により見えていない問題を見える問題にする力がつく．
- 個人の疑問を組織の疑問へと波及させて現状を打破し，改善活動へ発展させることができる．
- 不良が発生しないよう意識することで未然防止の重要性に気づく．
- 現場には先輩たちの熱い思いが込められていることに気づく．
- 知識の「広さ」や「深さ」は経験から学ぶことができることに気づく．
- 仕事のアウトプットについてのイメージを具体的にもつようになる．
- 後工程が求める結果のイメージを具体化できる．
- 将来を予測し現在を振り返ることで多くの課題を見つけ出すことができる．
- 相互啓発により将来における現場のありたい姿が議論できる．

2.5　QCサークル活動の力(5)
「現場の見える化により共通認識の向上に有効である」
　QCサークルは，現場の見える化を実践する集団

---
① 「現場の見える化」とは，問題解決のために自主的に行う「見える化」のことと気づくようになる
② 現場間の情報交換の手段として改善事例を有効に活用できるようになる
③ 現場は，コストセンターでなく価値を生み出す場所であると気づくようになる

【解説】
① 「現場の見える化」とは，問題解決のために自主的に行う「見える化」のことと気づくようになる
　《現場の行動を見える化し，関係者へ活動状況や結果を周知する》
　「見える化」という言葉は，製造業で古くから活用されてきた「目で見る管理」を省略した表現である．特に，製造現場で多く用いられ，さまざまな場面で現場の管理に効果をもたらしている．「見える化」の重要な点は，現場に行って目で見えるモノ・コトを，誰もが共通の認識をもって判断・解決していくヒントを見つけることにある．例えば，トヨタの「あんどん方式」がその一つといえる．トヨタの現場では，問題が発生すると現場の担当者が「あんどん」とよばれる異常表示盤システムで，問題の発生を早期に各部の担当者や責任者へ知らせ，迅速に対応できるようにすることで，速やかに問題解決を図っている．

「見える化」の考え方では，問題の解決の糸口は現場にあり，現場に行かないと見えないので，「現場の見える化」を実現する工夫が重要である．また，同じ情報を見て全員が同じ認識をもつことができるようにわかりやすい共通の判断基準をつくることも重要である．さらに，全員が共有したものを共通認識できるまで落とし込み，現場の改善を通じて誰もが異常に気づくしくみをつくり上げることが大切である．

　「見える化」を始める第一歩は，非常に基本的なことであるが，仕事場を整理・整頓することといえる．「見える化」を実践している企業の多くは，現場の整理・整頓から改善をスタートさせている．すなわち，「現場の見える化」「現場の見せる化」，さらには「現場の見てもらえる化」を積極的に実施することで，問題の早期解決が可能となる．「現場の見える化」は，問題解決を図るための「見える化」といえる．

　『QCサークル活動は，改善活動を関係者へ周知し，現場の知識・知恵・行動を広く見える化することで，サークルメンバーだけでなく関係者へ活動状況や結果を周知する力をもっている』．

② 　現場間の情報交換の手段として改善事例を有効に活用できるようになる
《良い事例を他の組織に水平展開しトラブルの未然防止に活かせる》
　ある一つの現場で改善された事例は，自部署だけの効果ではない．同じような問題で悩んでいる現場は多数ある．「一つの改善事例は，組織の共通財産である」という認識が必要である．したがって，改善事例は現場間で共有し，活用することが重要である．良い事例を他の組織に水平展開することで，トラブルの未然防止を図ることが可能となる．このように，改善事例の共有化は，現場の安定した管理に大きく貢献できる．

　組織は改善活動の情報を共有できる場として，活動成果発表会，月次

2.5 QCサークル活動の力(5)

活動報告会，現場での定期報告会などいろいろ工夫できるはずである．

『QCサークル活動は，改善事例を多く積み上げ，現場間の情報交換の手段として有効な活動の力をもっている』．

③ 現場は，コストセンターでなく価値を生み出す場所と気づくようになる

《現場はバリューセンターであることを自覚する》

多くの現場は，コストセンターとしての位置づけが一般的と考えられている．そこでは，製造原価の低減により収益に貢献することを求められている．しかし，現場力のある製造現場は，現場において価値を生み出す活動を実践している．

そのような製造現場は，顧客視点をもって問題・課題を発見し，問題の解決や課題の達成によって顧客や後工程が真に求める価値をつくり出すための努力をしている．すなわち，その現場がもつ人，設備，しくみ，方法などを最大限に活用することで，製品やサービスを創出する活動を実践している．つまり，作業者の能力，設備の能力，仕事の管理のやり方，仕事の効率化のレベルなどを誰もが共通に認識し見える化することで，現場が発信する価値を評価することができる．大切なことは顧客視点であり，何らかの付加価値を生み出す現場を常に考えることである．

例えば，高品質・長寿命・低価格・高い安全性などである．こうした顧客満足を高める活動は，スタッフ・現場を含む全組織であり，各々が価値を生み出す役割をもっている．現場は，活動の見える化で価値を生み出すバリューセンターであることを示す必要がある．

QCサークル活動は，見える化を推進するために貢献し，問題解決のスピードや達成レベルの向上を図り，成果の財産化を推進するのに効果がある．

2章　QCサークル活動10の力

『QCサークル活動は，サークルメンバーの相互啓発による人の成長，製造品質の向上，生産効率の向上など現場が果たさなくてはならない価値の向上を実現する力をもっている』．

【ポイント】

結果として，QCサークル活動を実践することは，現場の見える化により共通認識の向上に有効となる．

その主なポイントは，次のような効果が期待できるからである．

- 見える化のポイントは，モノ・コトの共通認識と理解できる．
- 見える化の第一歩は現場の整理・整頓であることを理解できる．
- 「見える化」から「見せる化」へさらに「見てもらえる化」へ進化できる．
- 問題解決のスピードや達成レベルの向上が期待できる．
- 一つの改善事例は，組織の共通財産と思えるようになる．
- 良い事例を他の組織に水平展開できる環境ができる．
- 現場が発信する価値に自信をもつようになる．
- 現場の見える化により改善活動が活発になる．
- 現場の見える化は現場をバリューセンター化へと変化できる．
- 成果の財産化を進めることで現場の価値意識を高めることができる．

2.6 QCサークル活動の力(6)

「現場の問題解決に必要な実力養成に有効である」
QCサークルは，データを大切にして事実で考え行動できる集団

---
① 問題解決の論理的思考が確立できる
② 問題解決に必要なQC手法の学習と実践の場として有効である
③ 問題を解決した満足感からやる気を引き出すことが可能となる
④ 改善は，継続することに価値があると理解できる

【解説】
① 問題解決の論理的思考が確立できる
《QC的問題解決の手順を実行することで論理的思考が養われる》

現場では日々さまざまな問題が発生し，それらの問題に対して効果的かつ効率的な問題解決の手順を進めていかなければならない．解決しなければならない問題は，どのような方法で解決しようと結果として問題点をつぶし，効果が得られればよいのだが，そのプロセスに論理的思考力が必要となる．

例えば，「なぜそのような問題が発生したのか」「そもそもどのような結果を期待していたのか」「その期待と現実はどの程度乖離しているのか」「その乖離をどのようにデータで表現しているのか」「データがもっている性質を正しく解析しているのか」「解析結果をどのように評価・考察しているのか」「その評価・考察は問題点の真の原因を特定化できているのか」「原因をつぶし込むための対策は十分吟味されているのか．また，それは妥当な方法なのか」「対策結果は問題を解消するに至ったか」「いい

結果が持続されるように標準を適切に改訂しているか」などの問いについて論理が一貫していることが大切である．

QC 的問題解決の手順は，まさしく上記の質問に正しく応えるための手順といえる．その手順を以下に示す．

　　手順1：テーマ選定の背景（なぜこのテーマを選んだのかを明確にする）
　　手順2：現状把握と目標の設定（現状の悪さ加減を具体的に表現し，具体的な目標値を設定する）
　　手順3：活動計画の作成（スケジュールと役割分担を明確にする）
　　手順4：要因の解析（要因を整理し真の原因をつかむ）
　　手順5：対策の検討と実施（原因に対して改善策を実施する）
　　手順6：効果の確認（目標の達成状況を確認する）
　　手順7：標準化と管理の定着（ルール化し効果を維持する）
　　手順8：反省と今後の方針（残された課題と今後の進め方を明確にする）

（手順1～7が問題解決の手順）

以上の手順で解決された改善活動の流れを QC ストーリーという表現を用いることもある．

『QC サークル活動で取り組むテーマは，QC 的問題解決の手順を確実に実行することを基本としている．すなわち，問題解決の論理性をもった現場の人材育成には，QC サークル活動は最良の手段であり，論理性を養う力をもっている』．

② **問題解決に必要な QC 手法の学習と実践の場として有効である**
　《改善活動を実践するなかで活きた手法の活用が経験できる》

QC 七つ道具は，QC 手法を学ぶための導入知識である．QC 七つ道具は，以下のとおりである．

2.6 QCサークル活動の力(6)

- チェックシート
- グラフ
- パレート図
- 特性要因図
- ヒストグラム
- 散布図
- 管理図

いずれの手法も何らかの形でデータを図示するものであり，視覚化によってデータからの情報をわかりやすく表現する手法といえる．ほかに「層別」という手法(考え方)がある．「層別」は，手法というよりはむしろ概念といえる．層別の考え方は，品質管理における問題解決においてもっとも重視すべきものである．機械別，材料別，作業者別などのようにデータの共通性や特徴に着目して同じ共通点や特徴をいくつかのグループに分けることでグループ間の違いを明確にする方法である．

QC手法とよばれる手法はQC七つ道具以外に，新QC七つ道具，検定・推定，相関分析，回帰分析，分散分析，実験計画法，多変量解析，サンプリング法，抜取検査法，官能検査，信頼性工学など数多くの方法が開発されているが，現場における問題解決に用いられる手法の約90％はQC七つ道具といえる．

しかし，QC七つ道具を教科書や講義で理解できても，実際の現場で活用するとなるとなかなか教科書どおりにはいかない．現場におけるさまざまな環境のもとで実践的に活用して初めて手法の有効さが実感できるし，改善活動に活かされるのである．

QCサークル活動を通じて，現場での改善活動を実践するなかでQC手法を正しく学び，生きた活用を経験することができる．

『QCサークル活動は，問題解決に必要なQC手法の学習と実践を経験できる場であり，サークルという集団のなかで相互研鑽される力を

もっている』．

③　問題を解決した満足感からやる気を引き出すことが可能となる
《QCサークルの活動報告会での発表経験は次の活動への自信となる》
　人間は，周りから自己の存在を認めてほしいと思っている．また，認められることによってさらに自己研鑽に努力する．周りから認められることでモチベーションが高まり，仕事への取り組み姿勢も前向きになり，上司や同僚などとのコミュニケーションも活性化される．QCサークル活動に参加し，テーマの改善に成功することで大きな喜びが生まれ，自己の満足感と仕事に対する喜びやさらなる意欲の向上へつながる．さらに，改善活動の成果を部門や全社の大会などで発表する機会に恵まれれば，その自信や喜び満足感はより大きなものとなり，仕事に対する考え方や取組みに大きな変化を与える結果となる．
　『QCサークル活動は，改善活動の経験を通じて，大きな喜びを生み，自己の満足感と仕事へのさらなる意欲を生み出す．結果として，仕事に対する考え方や取組みに大きな変化を与える力をもっている』．

④　改善は，継続することに価値があると理解できる
《企業の成長に継続的改善は不可欠である》
　QCサークル活動を導入している企業では，サークルによる改善テーマの完了件数を1年間で2～3テーマを目標としていることが多い．この完了件数は，現場における改善活動を維持・継続していく適切な件数といえるだろう．日常管理において維持と改善は組織が続く限り永遠の活動であり，企業が発展し，組織が活性するためには欠かせない活動である．維持と改善には終わりはない．特に，改善活動は，継続的に実施してこそ企業の成長につながる．
　継続的に改善を行うという意味は，改善活動をやり続けるという意味

だけではなく，よりレベルの高い改善へ進歩・発展するという意味ももっている．また，サークルを構成することで個人のモチベーションが高まり，仕事に対する喜びが得られ，仲間とのコミュニケーションが育まれるため周りから評価されるので，個人の存在感とメンバーの成長を促すことにつながる．

『QCサークル活動は，後工程やお客様の立場に立って自律的に問題を見つけ出し，現場で発生する多くの問題に対して継続的に改善活動を実践できる力をもっている』．

【ポイント】

結果として，QCサークル活動を実践することは，現場の問題解決に必要な実力養成に有効となる．

その主なポイントは，次のような効果が期待できるからである．

- QC的問題解決を理解することが効果的な問題解決であることに気づく．
- 目標（期待）と現実の差をデータで表現する重要性を理解する．
- データがもっている性質（意味と役割）を正しく解析できる．
- 解析結果を評価・考察することで真の原因を特定する実力がつく．
- 結果が持続されるように標準を適切に改訂できる．
- 改善活動の流れをQCストーリーで整理できる能力が身につく．
- QC的問題解決の手順とその論理性を養うことができる．
- QC七つ道具をマスターすることで，QC手法を学ぶための導入知識が身につく．
- データの性質や特徴の注視から層別の重要性に気づく．
- 自己の存在を認められることで，さらに自己研鑽へと努力する．
- テーマの改善に成功することで，満足感と仕事への喜びや意欲の向上が生まれる．

2章　QCサークル活動10の力

2.7　QCサークル活動の力(7)
「組織(集団)の能力向上に有効である」
QCサークルは，全員参加の組織能力を高める集団

---
① 個人は点，個人の集まりである集団は面(または体)を構成する．ばらばらの個人が組織化されることで点から面(体)へ変化するため，何倍ものエネルギーが生まれる
② 集団を構成し，点から面(体)への変換は，エネルギーの増幅を生み出す

【解説】
① 個人は点，個人の集まりである集団は面(または体)を構成する．ばらばらの個人が組織化されることで点から面(体)へ変化するため，何倍ものエネルギーが生まれる

《点は方向をもたない．面(体)は力学的自由度をもち，組織がもつエネルギーの極大化を実現する》

このたとえは一個人を「点」，個の集まり(組織)を「集団」と位置づける．1つの「点」の力は小さいものであり，また点が集まっただけの集団では，個々の点が独立して各々別々に活動する状態にある．このとき，そのベクトルの総和はゼロ，つまり，集団としての活動エネルギーの総和はほぼゼロとなるので，成果を生み出せない「烏合の衆」となるだけだろう．

しかし，いったん集団(組織)に目的意識が生まれ活動の方向が揃う(組織化される)と，集団は単なる点の集合体から秩序をもって活動する集団，すなわち「面(または体)」の形態へと変化する．面(体)では，個

の活動エネルギーは同じ向きに揃い，その総和は大きなプラスになる．さらに，面(体)は，エネルギーを集中させる方向を目的に沿って自由に変える力学的自由度をもつ．つまり，集団が目的に応じて面(体)としてエネルギーを集中させることにより，さまざまな問題・課題に対して大きな成果を生み出すことができる．もし，すべての個の方向が1点に集中(全員参加)できれば，活動エネルギーの総和は最大になり，単なる個の集まりの集団に比べて何倍もの大きなエネルギーを最大限に発揮することが可能となる．

その意味で，すべての組織は，大きなエネルギー(組織の力)をもつ面(体)の集団を目指さなければならない．サークルのメンバー各々を点とすると，そのコミュニケーションの関係(ネットワーク)は線となり，それを広げることで面(または体)となる．点が1つ(個人)であればコミュニケーションの可能性は生まれず，方向性も定まらなくなる．点が2つ(2人)になると関係性が生まれコミュニティが生まれる．

以上の話をサークルのメンバーに置き換えて考えると，点の数が増えることでいろんな年齢層や経験・価値観の違いや考え方の異なる個が集まり，サークル(体)が構成され，話合い(コミュニケーション)の場，つまり会合をもつことになる．

QCサークル活動は，さまざまな機会をもったコミュニティを常に提供してくれる場となる．

組織のなかにはどんなことにも先駆者・先輩が存在している．後輩にとって先駆者・先輩は"踏み台"にするためにあるものと考えられる．例えば，何か優れた成果を挙げた人がいたら，すぐに「なぜ彼はそのような結果を出せたのか」と考えて，その人に教えを請うて，やり方を学び，そのとおりにやってみればよいだろう．"学ぶ"は"まねぶ"とも表現されている．この一つの小さなきっかけから一つの結果，つまり小さな達成感が生まれることになる．"小さなきっかけ"と"小さな達成

感"を大事にしながら，それを一つひとつ積み重ねていけば，組織は一つの方向へと進み始めるだろう．全員が同じ価値を共有しながら，個人の役割を明確にし，それぞれが自主性・創造性を発揮して全体の目標を達成することができれば，それが真の全員参加という姿になるだろう．

集団のなかで一人ひとりが役割をもって努力すると，一人では生み出せない成果を挙げることができる．さらに，皆でその成果を分かち合う喜びをもち，相互に啓発し合って成長し続けることができれば，組織の力は非常に大きなものとなる．

『QCサークル活動は，一人ひとりの結集力のすばらしさを引き出してくれるものであり，組織の面（体）への変革に大きな役割を果たす力をもっている』．

② 集団を構成し，点から面（体）への変換は，エネルギーの増幅を生み出す

《個のエネルギーの結集によって組織能力の最大化が期待できる》

さまざまな年齢層や，ものの見方・考え方の違った個人（点）が集まると，面（体）が構成される．それは一つのグループ・小集団として共通の成果を追求することになる．組織が点から大きなエネルギー（組織密度）をもつ面（体）への転換を図るとき，組織メンバー全員が同じ目的意識をもちベクトルを合わせていくための方法は，重要な課題であり，そのための手段が，QCサークル活動といえる．

鳥・魚・ミツバチなどの行動は，個体のときより集団のときのほうが50倍も環境の変化に対応できるといわれている．人間はそこまでは無理としても，言葉や書面，ときにはボディランゲージなどによってサークルメンバーと問題意識・価値観などを共有し，組織を構成することができる．さらにメンバーシップ・リーダーシップによって個性の尊重，異質の協力，相互信頼で高度なチームワークを形成することもできる．

2.7 QCサークル活動の力(7)

　QCサークル活動は，異質にふれあい，相互啓発しながら改善活動を通じて個の成長を可能とする．グループ(小集団)が目的意識をもち一つの目標に向かってベクトルを合わせて活動することにより，組織としての能力向上が図れる．

　『QCサークル活動は，個の成長と個のエネルギーの結集による組織能力を相乗効果により最大化できる力をもっている』．

【ポイント】

　結果として，QCサークル活動を実践することは，組織(集団)の能力向上に有効となる．

　その主なポイントは，次のような効果が期待できるからである．

- 個のエネルギーを集団のエネルギーへ変換し数倍の力を生み出す．
- 組織に目的意識をもたせその方向が揃うことで全員参加の基本ができあがる．
- 考え方の違ったメンバーが集まることで良いコミュニケーションの場となる．
- "改善活動の小さな達成感"は組織をひとつの方向へまとめる．
- メンバー全員が同じ目的をもちベクトルを合わせることでエネルギーが最大化する．
- 問題意識や価値観はコミュニケーションを通じて共鳴し，組織を強くする．
- 個の成長と個のエネルギーの結集は組織能力の相乗効果となる．
- テーマを共有する集団は単なる点の集合体から互いの能力を認め合う集団となる．
- メンバーシップ・リーダーシップによって個性の尊重，異質の協力，相互信頼で高度なチームワークを形成する．

2.8　QCサークル活動の力(8)

「現場のイノベーション創出とナレッジワーカー育成に有効である」

QCサークルは，現場の小さな改善によって知恵と工夫を生み出す集団

---

① 組織発展の基本動因となる革新的考えをもたらし，イノベーションを生み出すのに有効である
② 小さな変化(改善)を数多くつくることでイノベーションの創出へつなげることができる
③ 職場第一線で働く人々のナレッジワーカーへの資質を向上させる
④ 「もの」社会から「知識」社会への変化に対応できる人材が育成される

【解説】

① **組織発展の基本動因となる革新的考えをもたらし，イノベーションを生み出すのに有効である**

《イノベーションは組織が発展するための基本である》

企業の発展にはイノベーションが必要である．特徴ある新製品が市場において評価され，売上も利益も順調に伸びていたとしても安泰とはしていられない．競合他社もあらゆる戦略をもって追い上げてくるだろうし，市場の変化や顧客の要求レベルも高度化してくる．現状を維持することには大変な努力を必要とする．維持のためには常に改善・改革が必要となる．改善を継続的に進めていくにはイノベーション意識が必要と

2.8 QCサークル活動の力(8)

なる．

イノベーションを起こすのは人であり，常に人が中核にあり高いモチベーション持ち続ける環境に置かれていなくてはならない．人がイノベーションを生み出すためには，自己の存在感と自分の能力をもっと高めたいという自己向上心が必要となる．

組織は学習し，それを生かし活性化していく必要がある．集団間で刺激しあう環境をつくることで一人ひとりが意欲と活力をもち，組織に活性化していく．このような体制を構築するためにはQCサークル活動は有効な手段といえる．

『QCサークル活動は，相互啓発をもつ集団へと組織が変化することで，豊かな発想を生み出すことができ，現場の一人ひとりの感性とそれにもとづくイノベーションへの発信力を向上させるのに大きな力をもっている』．

② 小さな変化(改善)を数多くつくることでイノベーションの創出へつなげることができる

《イノベーションを実現するためには，多くの改善・改良の積み重ねが大切である》

改善・改良を行うためには，「創意・工夫」，さらには「現状に満足せずに課題を発見できる意識・能力」が必要である．一つひとつの改善・改良は，従業員の高いモチベーションと日々培われる実践的能力から生み出され，それらは貴重な成果を生み出す結果へとつながる．改善・改良が行われる組織では，あちらこちらで，こうした小さな変化が起こっている．

こうした小さな変化は，何もない状態のなかで自然に起こるものではなく，改善・改良を育む土壌があって，その土壌のうえに，「改善の樹」が育ち，それらの木々に「改善・改良」そして「イノベーション」とい

う大きな果実を実らせることになる．

　職場第一線を意識し，改善・改良をこつこつと積み上げて多くの実績を残すことで新たなイノベーションを生み出す結果となる．

　『QCサークル活動は，現場の改善・改良を着実に積み上げ，大きなイノベーションを生み出すきっかけをつくり出す力をもっている』．

③　職場第一線で働く人々のナレッジワーカーへの資質を向上させる

《データ，知識，経験に何らかの意味をもたせる人こそナレッジワーカーである》

　ナレッジワーカーとは，単にスキルのみの実力ではなく，組織内の個人が有する知識を共有・活用することによって新しい知識を創造できる能力をもった現場作業者のことをいう．

　現場作業者には，優れた技能を有する人たちが多くいる．優れた技能をもつまでには長い時間の訓練と数多くの経験を積み重ねてきている．俗にいわれる「匠」に代表されるように，「誰にも負けない，誰からも追いつけない」ずば抜けた技能は本人の努力でしか到達できないものである．

　現場で収集されているデータが単なる数値の集まりでなく，そこから多くの情報を得るために分析・解析が行われて初めてデータとしての意味をもつ．知識も経験もそのなかから有効な情報を整理し活用してこそ，次への発展へとつながる．

　データ，知識，経験を単なる情報として見るのではなく，そこに何らかの意味をもたせる人こそナレッジワーカーであり，あらゆる環境，場面に対応し，意思決定ができる能力をもつ人がナレッジワーカーといえる．現場には多くのマニュアルが存在し，それらのマニュアルは，知識と情報を与えてくれるが，ナレッジは与えてくれない．優れた現場作業者は，マニュアルからナレッジへと転換する能力をもっている．この転

換できる能力を養う方法の一つとして，QCサークル活動は有効と考えられる．

『QCサークル活動は，メンバー全員の知識（衆知）・スキルを活用しながら自主的に改善活動を行っていく過程で，現場作業者の知識・スキルを引出し，共有し，活用する場となっており，改善活動を経験しながら積極的に知識・スキルを共有し，相互啓発のなかでマニュアルからナレッジへと転換する力をもっている』．

④ 「もの」社会から「知識」社会への変化に対応できる人材が育成される

《知識現場のナレッジの醸成はコミュニケーションから始まる》

ナレッジワーカーとして現場作業者に必要な能力は，情報を知識に変え，さらに最適な意思決定へと連携できる能力であり，これは社会への対応力といえる．

かつて高度経済成長時代は，社会の成長が早く，それに伴い購買力も急速に高まったので，つくれば売れ，多少の知恵・知識・工夫で改善すれば潤う時代であった．社会，会社，家庭，個人の周りには物が溢れていた．

しかし，高度経済成長が終焉し，成熟社会，デフレ社会，グローバル社会になって久しい今，過去に例を見ない競争社会に突入し，物が溢れる一方，魅力ある物のみが顧客の興味を引く知識社会の時代となっている．この競争社会で勝ち残るためには，衆知を結集できる現場，すなわち，経営者，管理職，組織メンバー，現場作業者のすべてが個々のもっている知識を最大限に引き出し，共有し，知識と工夫に満ちた改善を絶え間なく継続できる現場が求められている．

組織メンバー全員がナレッジワーカーとなり，全員の知識を結集・共有し，知恵と工夫で社会の変化に対応する必要がある．そのためには全

員がナレッジワーカーとなる人材育成の仕組みが必要となる．そして，現場作業者がナレッジワーカーに成長する最良の手段がQCサークル活動といえる．

『QCサークル活動は，多くの改善・改良，イノベーションを生み出す"土壌"をつくり出す．さらに，知識社会において必要なコミュニケーションやコラボレーションを良くする働きをもっており，現場のナレッジを醸成させる力をもっている』．

【ポイント】

結果として，QCサークル活動を実践することは，現場のイノベーション創出とナレッジワーカー育成に有効となる．

その主なポイントは，次のような効果が期待できるからである．

- 改善を継続的に進めていくにはイノベーション意識が必要であることに気づく．
- 集団で学習のできる場をつくっていくことの重要性が理解できる．
- 目に見えない知識と意欲を可視化することで変革を推進する組織が構成できる．
- 現場の一人ひとりの感性を高めイノベーションの発信へつながる．
- 改善・改良を積み上げて多くの実績を残すことでイノベーションを生み出す．
- 改善・改良の価値を大切にする組織風土の育成に有効である．
- 新しい知識の創造を共有化できる能力をもったナレッジワーカーを生み出す．
- 分析・解析から多くの情報が得られるデータの重要性を理解する．
- データ，知識，経験に何らかの意味をもたせるナレッジワーカーが育成できる．
- マニュアルからナレッジへと転換できる優れた現場作業者が育成できる．

2.9　QCサークル活動の力(9)

「「品質は工程でつくり込む」の考えを養うのに有効である」

QCサークルは，QC的ものの見方・考え方を身につける集団

---

① 品質第一の考えのもとで後工程を大切にする現場マインドの養成ができる
② 失敗から学び，経験から成長する実践的PDCAが修得できる
③ QC的ものの見方・考え方を正しく理解し実践できる最適の場である

【解説】
① **品質第一の考えのもとで後工程を大切にする現場マインドの養成ができる**

《「品質は工程でつくり込む」という自工程完結を実践できる》

現場における最大の悪事は不良品の発生である．不良が発生すると作業のやり直し，部品の交換，再検査の実施，さらには廃棄などの不必要な作業，時間，費用が発生する．結果として，後工程への納期遅延，生産遅れなど多くの迷惑をかける結果となる．生産現場ではQ(品質)，C(コスト)，D(量・納期)を重要要素として最適な結果になるように管理しているが，Q(品質)に問題があれば，C(コスト)およびD(量・納期)に大きな影響を及ぼし，製造原価の悪化や生産性の低下につながる．

「後工程はお客様」を実践するためには，まずは品質第一の実践であり，「自分たちの工程の品質は自分たちが責任をもって守り切る」とい

う信念も重要である．この信念が現場マインドといえる．

　日本の製造業は，1960年代から「品質は工程でつくり込む」という考えが提唱され，今日までその考えを実践してきた．製造現場で100％良品が達成できれば，失敗のコストはなくなり，検査は不要となる．100％良品の製品を後工程に流せば後工程での生産効率は向上し，市場での品質クレームは低減する．

　『QCサークル活動は，現場を守り，現場で発生する品質問題を自主的に取り組み，工程で品質をつくり込むための強力な活動であり，品質第一の考えのもとで自工程完結を目指し，後工程を大切にする現場の立役者としての力をもっている』．

② **失敗から学び，経験から成長する実践的PDCAが修得できる**
《経験を重ねることは失敗を積み重ねることと理解する》

　PDCAはPlan（計画），Do（実施），Check（検討），Act（処置）の頭文字であることはよく知られている．現場でのすべての仕事はPDCAのサイクルを回すことにより質の高い結果が保証される．このようにPDCAは，日常の業務を遂行するすべての場面に適用される管理の基本的考え方である．

　日常の仕事においていつも良い結果が得られるとは限らない．しっかりと計画を立てて実施した仕事や標準どおり実施した仕事においても思いどおりの結果が得られないことはよくある．良い結果が得られないときは，その結果を正しく分析（Check）し，問題点を明らかにして仕事のやり方や標準を改定して（Act），より質の高い仕事へと改善していく必要がある．人間はミスを犯す動物だといわれているが，ミスをミスのままに終わらせずに次につながる改善を実施するのも人間である．すなわち，失敗から学び，常にPDCAのサイクルを回し続け，スパイラルアップを目指すことが重要である．経験を重ねるということは失敗を積

み重ねるということであり，その失敗に対してどれだけPDCAのサイクルを回したかで経験の豊かさが決まるともいわれている．

PDCAのサイクルについて誰もがそれなりに解説はできるが，PDCAを実践し，その効果を体感することはそう多くはない．現場において多くの失敗のなかから確実にPDCAのサイクルを回す経験を重ねることで「品質は工程でつくり込む」活動が実践できる．

『QCサークル活動は，現場での失敗をメンバーで共有化し多くの失敗にもとづくPDCAのサイクルを回す経験ができる最良の活動としての力をもっている』．

③ QC的ものの見方・考え方を正しく理解し実践できる最適の場である

《管理者，監督者を巻き込んだ全社的活動としての位置づけが大切である》

「QC的ものの見方・考え方」は，現場での仕事を進めるうえで非常に重要な視点である．それは組織が目的をもって活動し，その目的を確実に効果的，効率的に達成するための基本的な考え方と行動を的確に示しているからといえる．

QC的ものの見方・考え方の要素とは，「品質第一」「消費者指向」「全員参加」「PDCAのサイクル」「重点指向」「後工程はお客様」「プロセス管理」「事実による管理」「ばらつき管理」「再発防止」「未然防止」「標準化」などだが，書物によってはまだいくつかの項目も含められている．

これらの項目は，TQM活動を進めるうえで正しく理解され，正しく実践されなければならない必修内容といわれている．「品質第一」「消費者指向」「全員参加」「PDCAのサイクル」「後工程はお客様」などは，前に述べたようにQCサークル活動によるテーマ解決のプロセスのなかで実践的に習得できる．さらに，「重点指向」「事実による管理」「ばらつき

管理」「再発防止」「未然防止」「標準化」なども，その真の意味や仕事への反映のやり方はQCサークル活動の実践を通じて学ぶことができる．

「品質は工程でつくり込む」の意味は，それぞれの工程に与えられた品質レベルを確実に達成し，後工程に迷惑をかけない仕事のやり方を確立することにある．そのためには，「後工程は何で困っているのか」「その困りごとを自分たちで解決できることは何か」を明らかにして，自分たちの仕事のやり方とその質を改善する取組みが必要である．これはまさしく，QCサークル活動において，テーマの選定理由（背景）で最も重視しなければならない考え方だといえる．

さて，TQM活動は全員参加でなければならない．全員参加とは，全階層，全部門がTQM活動に参加することを意味する．当然，職場第一線で作業するすべての人々もTQM活動に参加する必要がある．職場第一線の作業者が参加する最良の方法がQCサークル活動といえる．

職場第一線の作業者たちがQCサークル活動を構成することで，管理者や監督者はその活動が正しく実施されているかを指導する役割をもたなければならない．このように，QCサークル活動は，現場作業者のみの活動ではなく管理者，監督者などを巻き込んだ全社的活動といえる．

『QCサークル活動は，企業組織のすべての人がそれぞれに与えられた仕事を確実にこなし，さらにレベルの高い仕事へのチャレンジができる組織人の育成に大きな力をもっている』．

【ポイント】

結果として，QCサークル活動を実践することは，「品質は工程でつくり込む」の考えを養うのに有効となる．

その主なポイントは，次のような効果が期待できるからである．

- 品質第一の考え方と実践がテーマ解決のなかから理解できる．
- 責任をもって品質を守り切るという信念が現場マインドであるこ

とに気づく．
- 「品質は工程でつくり込む」という考えのもとに自工程完結の意味が理解できる．
- ミスをミスのままに終わらせずに次につながる改善の必要性がわかる．
- 失敗から学び「PDCA のサイクル」を回し続けスパイラルアップする考えが定着される．
- 失敗しても PDCA サイクルを回すことでよい結果が得られることを実感できる．
- 「QC 的ものの見方・考え方」が現場での仕事を進めるうえで重要と気づく．
- 後工程に迷惑をかけない仕事のやり方を工夫しようとする．
- QC サークル活動が全社活動の一環であることを認識できる．
- 現場第一線のすべての人たちが TQM 活動に参加している実感を感じるようになる．

2.10 QCサークル活動の力（10）

「継続する力（ねばり，執着，愚直）の発揮に有効である」

QCサークルは，部門，人の壁を越えた議論により現場の成果を生み出す集団

---

① 現場での改善活動が活発になることで組織の一体感が向上する
② 現場を構成する複数の個がひとまとまりとなり価値の共有による全体最適を求めるようになる
③ 「個人の力」と「個の速度」の大きさと方向をまとめることでモチベーションとモラールを形成する最良の組織が達成できる
④ 組織の壁，部門の壁，人の壁が現場力の最大の敵と気づくことができる
⑤ 部門，人の壁を越えた議論ができ，ねばり強く納得のいくまで話し合うことができる

【解説】
① 現場での改善活動が活発になることで組織の一体感が向上する
《人を育て職場を活性化させることにより組織の質を向上させる》

組織が一体感をもっている現場は非常に強いといえる．なぜなら，その組織（現場）の役割が明確になっており，その役割を達成するための組織要員の考え方や行動の質が高いレベルにあるからである．

例えば，ある製造部門でのQCサークル活動は，活動の成果を常に効果金額のみで評価し，その効果金額の大きさで活動の貢献度を見ていた．サークルメンバーも上司も効果金額が評価のすべてであった．部門

内でのサークル発表会でも効果金額の大きな活動事例は常に上位の賞を受賞し表彰されていた．したがって，各サークルはテーマ選定において改善効果金額の大きなテーマを優先的に活動するようになっていた．

　企業は組織活動であり，QCサークルも組織活動の一環である．組織活動は役割分担をもとにした活動であることから，役割の総合的な達成力が組織の力といえる．QCサークルは，組織の役割に関連する問題を自主的・積極的にテーマとして取り上げ問題解決にチャレンジすることで人の成長をともなって組織にとって大きな貢献を果している．QCサークル活動の基本理念にあるように企業の体質改善・発展に寄与する活動がねらいである．このことを理解すれば，例に挙げた製造部門のQCサークル活動の考え方は正しいとはいえないだろう．QCサークルのあり方に基本的な理解が不足している事例といえるだろう．

　あくまで，QCサークル活動は，人を育て，職場を活性化させることにより，組織における役割の達成の質を向上させることを目的としている．

　『QCサークル活動は，組織を強くし，いかなる環境の変化にも対応できる強靭な組織を目指した活動でなければならない．本来のQCサークル活動は，組織能力向上に寄与する力をもっている』．

② 現場を構成する複数の個がひとまとまりとなり価値の共有による全体最適を求めるようになる
《「個人」の成長により，「組織」の成長へつながり全体最適となる》
　「組織」は個人の集合体であり，個人の力から集団の力へ発展させ価値の共有による全体最適を可能とする集合体を目指さなければならない．

　元気のある組織は，社員を中心とする社内組織，取引先となるパートナー，そして顧客まで含めた関係者全員の力を結集し，共有の価値を生

み出している．このためには，組織内の個人の力を集結し，人と人とのネットワークによって新たな価値を生み出すしくみを構築する必要がある．

「組織」の成長は，そこに属する「個人」の成長に比例するが，個人が成長するだけでは強い組織にはならない．個人の自律成長力を促し，知恵をつなげる場を提供し，一人では解決できない課題に対して，メンバー同士で能力を結集して解決するしくみが必要となる．個人の能力を発展させることに加え，知恵や情報をつないだ相乗効果を起こすことで現場に熱い思いが生まれ，組織は強くなる．この相乗効果が新しい共通価値や創造を生み出し全体最適へと発展する．

『QCサークル活動は，個の力（一人ひとりの高いパフォーマンス）を組織（価値を生み出す集団）の力へと発展させる最良の力をもっているといえる』．

③ 「個人の力」と「個の速度」の大きさと方向をまとめることでモチベーションとモラールを形成する最良の組織が達成できる
《仕事への意欲が高い現場では労働意欲や士気も高い》

個人の力とはベクトルの太さ（個人のやる気），個の速度とはベクトルの長さ（個人の成長速度）と考えられる．この2つを大きくさせ，目的に向かって成長させることが組織をより強くすることになる．

個人の意識に関する概念は，モチベーションとよばれ，人が行動を起こすことの要因，いわゆる「動機づけ」を意味する．現場では，組織のなかにおける個人の仕事への意欲が高い人材が必要であり，その意欲を引き出す動機づけが重要となる．一方，企業・組織における集団的感情や意識はモラールとよばれている．モラールは，働く喜びとしての労働意欲や士気として組織運営にとってはなくてはならない重要な要素である．モラールは，職場の労働条件や人間関係，環境や帰属意識により変

化するが，質の高い組織は，常に高いモラールが形成されている．しかしながら，生産活動のなかにおいては，直接，モチベーションやモラールを向上させる手段はそう多くはない．そのため従業員満足（ES）活動などの新たな施策を実施している会社も増えてきている．

　QCサークル活動は，個人の役割を明確にして身近な問題を解決することにより，リーダーシップやメンバーシップが発揮できる．また，改善活動の成果を発表する経験は，モチベーションやモラールを向上させる最適の場ともいえる．このような場は，サークルメンバー自身が活躍できる場であり，モチベーションおよびモラールの形成にとても有効であるといえる．

　『QCサークル活動は，現場におけるモチベーションとモラールを形成し組織を強くする力をもっている』．

④　組織の壁，部門の壁，人の壁が現場力の最大の敵と気づくことができる

《目的思考へと変化させることで顧客指向の全体最適が達成できる》

　日本企業は，相変わらず縦組織を主流としている．部門横断組織やフラット組織を導入し意思決定の速さや個人能力主義を重んじた体制を確立しようとした企業もあるが，その成果はそれほど顕著には出ていないと思われる．組織をいじくっても企業は活性化しない．組織が仕事をしているのではなく現場が仕事をしているからである．現場に実力がない企業は発展の期待がもてない．

　現場力が強い企業を目指すには，現場第一線での業務遂行能力とその業務の管理監督能力が常に顧客（後工程）指向になっていなければならない．後工程や市場において発生するトラブルには組織の壁や組織の硬直化が原因と思われるものがある．ヒエラルキー思考から目的思考へと考え方を変えれば，守り型組織という部分最適から顧客指向の全体最適へ

と変換が可能となる．

　組織の壁，部門の壁，人の壁が排除された強い現場力を確立するためには，上下を超えた縦のコミュニケーション，部門を超えた横のコミュニケーションが機能する仕掛けが重要となる．このような組織コミュニケーションが現場を強くし，組織の活性化へと働きかけることができる．組織コミュニケーションが現場文化を育成し，組織の壁，部門の壁，人の壁を排除した強い現場を確立する．

　『QCサークル活動は，組織コミュニケーションを活発にし，組織の壁，部門の壁，人の壁を排除する強い現場を確立する力をもっている』．

⑤　**部門，人の壁を越えた議論ができ，ねばり強く納得のいくまで話し合うことができる**
　《ねばり，執着，愚直の発揮を助長し，その姿勢は組織の財産となる》
　日常の現場は日々いろいろな問題が次から次へと起こっている．これら問題を解決するためには，職場間や組織間での話し合いが組織，部門，人の壁を越えてスムーズに進められるよう日頃からのコミュニケーションを良くしておくことが大切である．

　問題を解決し最適策を見つけ出すのが現場力だが，その解決策に至る過程では職場間や組織間での利害関係が存在するため，お互い話し合い，協力しながら最適策を考えていかなければならない．この間のプロセスは非常に重要といえる．

　組織の壁を越えて議論を行うためには交渉やネゴシエーションではなく後工程やお客様の立場に立った考え方が必要である．ここでは，「後工程にとって最適なアウトプットは何か」「お互いの利益の総和を最大にするための最適な解決策は何か」を見つけ出すことが目的となる．このような議論を通じて解決策を導くためには，問題の背景や現状，さらにはその原因を論理的に整理し，誰もが共通認識できるように見える化

2.10 QC サークル活動の力（10）

を図らなければならない．一つの問題（現象）には多くの要因が存在している．問題解決に関係している組織や人はそれぞれの立場から解決策に対する議論を持ち込み最適策を検討するが，このプロセスにおいてQCサークル活動での知識と経験は大きな役割を発揮することができる．それは，QC的ものの見方・考え方にもとづく論理的な思考力を身につけているからだといえる．

QCサークル活動は，現場で発生する多くの問題に対して組織の壁を越えた論理的思考にもとづく議論を可能とする能力を確立する力をもっている．

この能力は，いかなる状況に置かれても，ねばり強く，目的をもって，愚直に取り組む体質から生まれる．QCサークル活動は，このような継続する力（ねばり，執着，愚直）を発揮するために有効な手段といえる．

『QCサークル活動は，継続的改善により現場の成果を生み出す活動であり，継続する力（ねばり，執着，愚直）の発揮を促すのに有効である』．

【ポイント】

結果として，QCサークル活動を実践することは，継続する力（ねばり，執着，愚直）の発揮に有効となる．

その主なポイントは，次のような効果が期待できるからである．

- いかなる環境の変化にも対応できる充実した組織が生まれる．
- 個人の力から集団の力へ発展させ価値の共有による全体最適が可能となる．
- 従業員，取引先，顧客のすべての人の力を共有の価値とすることができる．
- 知恵や情報をつないだ相助効果で組織は強くなり共通価値を生み

出す．
- 組織のまとまりと全体最適を目指すようになる．
- 問題の解決に重要な組織，部門，人の壁を越えた論理的思考にもとづくプロセスができる．
- 顧客指向の目的意識が無駄な壁を排除する．
- 企業が発展し，組織が活性するためには改善は欠かせない活動と理解できる．
- 常に継続的に改善を実施してこそ企業は成長することだと自覚できる．
- ねばり強く，目的をもって，愚直に取り組み，いかなる環境の変化にも対応できる強い体質が育まれる．
- 継続する力（ねばり，執着，愚直）の発揮につながり現場の成果を生み出す．

3章

QCサークル活動による人材育成の企業事例

3章　QCサークル活動による人材育成の企業事例

■ QCサークル活動に求める人材育成の企業例

「QCサークル活動（小集団改善活動）」（以下，QCサークル活動）は，多くの企業・組織で展開されており，その歴史や取り組み方は多様である．一つの活動形態を継続しているケース，活動の方向づけや考え方についていくつかの経緯を経て現在に至っているケース，活動の歴史を積み重ねるなかで活動を進化させているケースなど，さまざまな形で行われてきた．

QCサークル活動には，多様な活動の取り組み方や考え方があるが，それら企業・組織における活動全体を俯瞰したとき，その根底には「共通的に目指すもの」があると考えられる．それは「人材育成」である．

QCサークル活動は企業や組織における活動であり，仕事と密接な関係があるのが普通である．したがって「成果」が活動のねらいとして強調されることもある．しかし，QCサークル活動という形をとる真のねらいは，単に一時的な成果を得るということではなく，持続的・自立的に改善に取り組んでいくことができる「強い現場づくり」にある．

この強い現場づくりのための基盤となるのが，「実践的な改善力をもつ人材の育成」である．現場で働く全員が，改善テーマへの取組みや教育を通して問題発見力や問題解決力を養い，改善力をもつ人材として育っていくことで，強い企業体質を実現することができる．

QCサークル活動は，定まった枠組みで行わなければならないというものではない．自社の状況に合った形で活動を展開するケースが多くなるのだが，人材育成を目指したQCサークル活動のあり方を考えるとき，先進的な企業における展開・運営における考え方，工夫，そして取組みへの努力は大いに参考になる．

そこで本章では，QCサークル活動に求める人材育成例として，QCサークル近畿支部の運営にかかわる企業のうち7社の事例を以下，当該企業のメンバーがそれぞれ紹介する．

3.1 事例 1「株式会社エクセディ」

3.1.1 当社の QC サークル活動の歴史とその役割

　当社が QC サークル活動を始めたのは 1982 年に遡る．その年の 11 月 20 日に第 1 回 QC サークル発表大会を実施した．その後，仕入先様，国内外関係会社を含めた発表大会を実施するまでに至ったが，1997 年に QC サークル活動は中断してしまった．

　その後，2005 年 10 月 4 日に QC サークルキックオフ大会を行い，製造部門の活動として再開した．その翌年(2006 年)に，第 1 回 QC サークル全社大会を開催した．

　その後，上級資格者(部門長クラス)の人事評価シートの項目に「QC サークル活動へのかかわり」が追加され，業務としての QC サークル活動が一層定着した．さらに，国内関係会社はもちろん，海外関係会社へも同じ活動を展開し，2010 年には，間接部門も含め，QC サークル活動を文字どおりの全社活動として完全復活した．そして，「QC サークル活動は業務である」と位置づけ，会合は業務時間内で行うことにした．また，全社員が戸惑うことなく，疑問をもつことなく活動に参加できるために，"仕事を楽にする" というキーワードを決めた．「QC サークル活動で "仕事を楽にする"」が，当社の QC サークル活動のベースとなっており，全社員が同じ認識をもっている．2011 年には，国内・海外関係会社を含めた，第 1 回 QC サークルグローバル大会の開催にまで至った．

　当社では，QC サークル活動を業務として行うことで，経営者にとってはトップ方針の実行，サークルメンバーにとっては現場力向上・人材育成という役割を担っている．

3.1.2 QCサークル活動がもつ現場力向上の特徴（工夫）

　第一線で働く一人ひとりが，それぞれの現場に密着した改善に取組み，効果を上げ，その活動をPDCAサイクルを回しながら継続して行う．その過程のなかで個人が成長し，職場が活性化し，それらの結果として企業の発展への貢献につながる．QCサークル活動が現場力向上に有効であることは誰もがよく承知していることである．

　現場力が向上すれば具体的にどのような効果があるのか．個人の成長については後述するとして，ここでは，当社のQC活動の成果で現場力が向上した職場の活性化や会社への貢献の事例を紹介する．

（1）　上流・下流合体サークル

　業務上の上流部門と下流部門のサークルが合体し，1つのサークルとして活動し，1つのテーマに取り組むこと．この活動によって，「不要な業務を下流に流さない」「下流部門が情報を受け取ってから上流部門に問い合わせたり，確認するのではなく，下流部門が欲しい情報を欲しい形で要求する」という習慣が定着してきた．

　現状把握の段階から一緒に活動することで，お互いの業務の中身が理解でき，下流部門は「上流部門ではどのような情報がどのようにしてつくられているのか」が理解でき，上流部門は「流した情報を下流部門がどのような目的でどのように加工するのか」が理解できる．その結果として，お互いの業務に無駄のないしくみができあがる．

（2）　改善事例の水平展開

　グローバル大会（2013年度）でインドネシアのサークルが発表した「切削オイルの削減」は，その成果をすべての製造部門で水平展開するまでに至った．この活動がきっかけとなり，改善結果の水平展開はグローバルで行われるようになり，グローバルに展開された改善案に対

し，さらに工夫された改善案がグローバルにフィードバックされるという連鎖を生みだした．

(3) 経営トップ方針の実行

中期経営計画のなかから「ゼロディフェクト」をキーワードに設定し，製造系・間接系すべてのサークルが「統一テーマ活動」として取り組んだ．

その結果，すべての部門が共通意識になり，長年解決できなかった難しい品質問題を解決するに至った．

3.1.3 QCサークル活動の活性化における役職者の役割と実践

QCサークル活動の活性化のためには，まず経営トップの役割が最も重要であると考えている．その役割とは，以下のようなものである．

① 活動に関心を示す
② 活動を正しく理解する
③ 全組織的活動として位置づける
④ 活動の方針を示す
⑤ 活動の環境を整える
⑥ 活動が育つ環境をつくる
⑦ 成果を正しく評価する

上記の役割を十分に果たすことができるように，当社では，以下のような体制を整備した．

- QCサークル活動を業務時間内で実施し，業務であることを明確にした
- 毎月の経営会議でQCサークルの発表(1サークル)を行い，適切に褒めることでサークルメンバーへの動機づけを心掛け，発表事

3章　QCサークル活動による人材育成の企業事例

例を経営レベルで展開する
- 経営計画や方針に沿った具体的なテーマをトップダウンで行う
- 全社大会，グローバル大会への積極的に参画する
- 外部大会で優秀な賞を受賞したサークルは経営会議で表彰する

また，役職者は以下のような指導・支援する役割を実践している．
- トップ方針を受けて自部門方針を示す
- 活動の各ステップでの適切な助言，アドバイスを行う
- 他部門との連携の支援を行う
- 必要な知識と技法を教育する
- 幅広い知識と技術を習得する機会を設ける
- 苦労と時間を惜しまず指導・支援する
- 活動を正しく理解させるためのアドバイスを行う
- 自己啓発と相互啓発を促す
- 活動を通じたコミュニケーション環境をつくり出す

このように役職者がそれぞれの役割を実践することにより，QCサークル活動が活性化し，それがさらなる成長をもたらす好循環ができあがっていった．

3.1.4　QCサークル活動に求める人材育成の役割

QCサークル活動による人材育成(個人の成長)で培われるスキルには，下記のようなものがある．

①　データの取り方・活用
②　統計的品質管理手法
③　QC的ものの見方，考え方
④　リーダーシップ，メンバーシップ
⑤　責任感，積極性，指導力，判断力など
⑥　問題解決の進め方(QCストーリー)

⑦　プレゼンテーション力向上

　これらのスキルが培われることにより，職場でQCストーリーのステップが仕事に生かされるようになった．例えば，現場で起こっている現状を「事実をありのままに」「現地・現物で」「データで」を基本として，徹底した現状把握をする習慣を身につけることができた．また，目標設定段階では，そのイメージを完成予想図として具体的に描くことが可能となり，さらには，絶対にやりきるために真因の追究から対策案の検証および成功シナリオの追究に常に成果に結びつく改善活動ができるなど，実力の向上も明らかになった．

　当社は，競争に勝ち抜くために「スピード」を重視している．キーワードは「2-2-2」である．「すぐに」とか「できるだけ早く」ではなく，納期はすべて「2」に関連させ，例えば2分，2日，2週間，2カ月と設定することにしている．もちろんQCサークル活動も「1テーマを2カ月で実施すること」がルールとなっている．そのため，QCサークル活動を通じて，全社員に「スピード」および「1テーマを2カ月でやりきる習慣」が養われている．

　このような活動にもとづいて当社は「EXEDY WAY～エクセディの成長戦略～」を制定している（図3.1）．

　図3.1 ①の「CSR・5S5T・ピカピカ・2-2-2」より上部は会社方針を，②の「I LOVE EXEDY」より下部は企業文化を表している．「働くなら楽しい会社のほうがよい」という気持ちを大切にして「働いてよかったと思える会社」にするために「I LOVE EXEDYの輪」を広げ，そのための活動として，企業の知名度向上（視覚的改革），一体感（思考的改革），やる気（行動的改革）を実現する．そのなかでQCサークル活動は，やる気（行動的改革）のなかに位置づけている．このようにして当社では全世界で1000サークルを超えるサークルが活動しており，当社の成長戦略を支えている．

3章 QCサークル活動による人材育成の企業事例

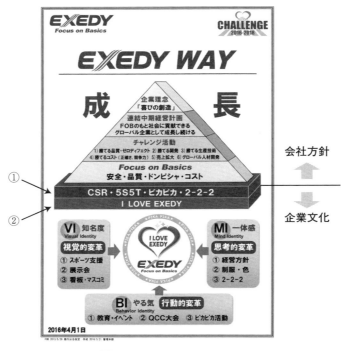

図 3.1 EXEDY WAY

（執行役員　グローバル人材開発本部本部長　山村佳弘）

3.2 事例 2「関西電力株式会社」
3.2.1 当社の QC サークル活動の歴史とその役割

　当社で QC サークル活動を本格導入したのは 1982 年 10 月であり，2016 年で 34 年目を迎えることになる．34 年間継続してきた事実は，当社経営にとっての QC サークル活動の重要性を物語っているが，その間すべてがうまく回り続けていたかというと決してそうではなく，経営環境の変化や継続することで発生する問題に直面しながら，その時々で

QCサークル活動そのものの改善を進めてきたという歴史がある．

（1） 草の根的に発生したQCサークル活動

　当社の小集団活動は1972年以降，安全衛生小集団活動として活発な活動を展開し，その成果を上げてきた．いくつかの現場でモデル的にサークルが編成され，QCサークル活動が自主的に試行されていた．一つのサークルがQC手法やQCストーリーを自分で勉強して実務に活かし始め，それを見た周りのサークルが見様見真似で活動を始めるようになった．このようにして200程度のサークルからスタートし，1982年には活動しているサークル数は1000を超え，「自主試行の活動」といいながら，もはや無視できない大きな「草の根」運動となっていた．

（2） QCサークル活動の本格導入

　こうした現場の盛り上がりをバックに「QCサークル活動を正式なものにしてほしい」という現場からの声が多く聞かれるようになった．しかし，「こういった運動を性急に推進すると往々にして形骸化しやすく，また，改善活動を現場に押し付けがちになるのでは」と危惧されたため，「当社としてどのようにQCサークル活動を進めるか」という指針を『QCサークル活動マニュアル』として定め，全社員に配布するなどの準備を行い，意思疎通を十分に図ることにした．1981年には「品質と信頼の関西電力」の確立を目指し，TQCを全社的に導入し，QCサークル活動導入の機が完全に熟した1982年10月からは，本格的に全社推進のスタートを切った．当社では，このときQCサークル活動を「TQC活動の一環として職場における品質管理を自主的に行うもの」と位置づけ，各職場を「考える集団」「水平展開する集団」「行動する集団」「生きがい，働きがいの集団」にすることを基本的な目的としていた．

（3） QCサークル活動の継続的な見直し

　QCサークル活動を継続するにつれ，1996年頃から，「仕事とは別という意識からくるやらされ感がある」「サークルレベルではテーマ発掘が難しい」「地道な活動に対する評価が十分ではない」などの意見が出された．そのため，「達成感のあるサークル活動」の実現に向け，テーマ完了件数管理を廃止して，自律的な目標設定とし，社内報奨制度の見直しも行った．同時に日本科学技術連盟の「QCサークル綱領」の見直しに伴い，QCサークル活動の目的も「サークルメンバーの能力の向上と自己実現の達成」「人間性の尊重と生きがいのある明るい職場づくり」「職場の体質改善と社業発展への寄与」のように見直した．

　2007年になると「QCサークル活動が発表会に向けた資料づくりの場となっており，形骸化してきているのではないか」との声が現場から聞こえるようになってきた．一方で「QC的な考え方の浸透や科学的思考の向上には大きな役割を果たしている」と評価する声もあり，より実効性のあるQCサークル活動を実現するために，推進施策の見直しを検討することとなった．

　2009年には，QCサークル活動がプロセス重視，内容重視の観点から，「現場力」を育成するツールであるとの位置づけを明確にし，「人材育成」と「職場づくり」を重視した活動に見直した．すなわち，QCサークル活動は，QC的なものの考え方や日々改善し続けるマインドを醸成していくための「人材育成の枠組み」であり，個々人がもっている業務遂行上の気づきや問題をみんなで共有し，力を合わせて真の要因を追及するプロセスを実践するなかでチームワークの醸成など総合力を発揮する「職場づくりの場」であるとした．それに伴い，職場第一線とのコミュニケーション活動や品質管理教育を充実することになった．

3.2.2 QCサークルがもつ現場力向上の特徴（工夫）

　当社では「現場力」を，「職場第一線が日々の業務遂行のなかで問題を自ら発見し，自ら解決することができる力」と定義している．顧客主義，三現主義，源流主義など強い「現場力」の根底にある要素は「QC的なものの考え方」と共通しており，また，「QC手法」は問題の発見，解決のために有効な手段である．

　当社のQCサークル活動の具体的な進め方は，以下のように定めている．

- 個々人が日頃からもっている業務遂行上の気づきや問題を定期的に持ち寄って課題抽出を行い，「なぜなぜ」を繰り返すことで問題を深く掘り下げ，仲間と共有する
- 課題解決に当たっては仮説を考え，データで検証するなど，真の要因を追求するプロセスを実践する
- 「QC手法を使うことそのものを目的とするのではなく，QC的なものの考え方で検討を進めるうえで必要となるQC手法を合理的に使用する」など，指導役職者から担当者まで納得の得られる進め方を決めて，活動を推進する

　以上のように，当社におけるQCサークル活動は，QC的な考え方や改善マインドを醸成する「人材育成の枠組み」であるとともに，職場の課題を全員参加で見つけて，それを共有し，力を合わせて検討していくなかでチームワークの醸成など総合力を発揮する「職場づくりの場」であり，「現場力」を向上させるための極めて有効なツールの一つである．

　ただ，すべての部門，すべての職場におけるQCサークル活動がこのように理想的な形で継続的に展開されているかというと，残念ながらそうではない．当社では，そうなるために，次に述べる役職者の役割が極めて重要だと考えている．

3.2.3 QCサークル活動の活性化における役職者の役割と実践

当社はQCサークル活動のもつ本来の良さを十分に活かすために，役職者の積極的な関与が不可欠であると考えており，役職者の具体的な実践項目を次のように定めている．

- メンバーの疑問や意見に真摯に耳を傾ける
- 問題の解決に向け，適切に指導・助言する
- 真の要因を追究するプロセスを実践する機会を与える
- QC的なものの考え方などを，活動を通じて継続的に教える
- 活動の成果は実務に反映する

上記がいかに重要であるかについては，新任役職者(係長クラス)の研修や現場トップ(事業場所長クラス)の人事異動後に実施するコミュニケーションの場で訴えており，実践するよう促している．今までの当社の経験から，「QCサークル活動の活性化のために，役職者のリーダーシップや関与がいかに有効であるか」を痛感してきたためである．以下，当社が経験してきた事例の一部を紹介する．

(1) QCサークル活動の活性化に事業所の所長が果たした事例

ある事業所のQCサークルは活動こそしてはいるものの，決して活発であるとはいえない状況であった．しかし，事業所トップ(所長)が人事異動により交代し，新所長の強い思いと指導の下，QCサークル活動の意義を改めて事業所全体で議論し再整理した．このような新所長の思いに引っ張られるように役職者の意識も変化し，所長のスタッフである事業所内のQCサークル事務局がQCサークル活動の活性化に向けた具体的な取組みをとりまとめ，事業所全体で実践した．その結果，職場の本当の課題を捉え，それを解決していく活動に徐々に変化し，活動成果を着実に積み上げていった．そして今まで解決できなかった課題にも挑戦

し続けた結果，事業所の成績も大きく伸び，社内でQCサークル活動優秀事業場として報奨されるまでになった．

（2） 課題の設定時に役職者が貢献した事例

次に活動の活性化を図るために，課題の設定時に役職者が積極的に関与し活動を活性化させている2つの事例を紹介する．

1つ目は「強い現場力・人づくり」を目標に掲げ，事業所トップが直接関わって課題の重要性を評価し，係長や職場上席者が解決するものとQCサークルに委ねるものに振り分けて，課題解決に取組み，活動結果の報告会も定期的に開催している事例である．この事例では，事業所トップが関わることで事業所全体が全員参加の体制となり，さまざまな小集団を通じ課題解決に向けた取組みを行うなどしてQCサークル活動全体が活性化した．

2つ目は，QCサークルの活動テーマを担当者のボトムアップによる気づきのなかから選定していた事業所の事例である．そこでは，テーマ選定に閉塞感やマンネリ感があった．そこに役職者が関与し，トップダウンによる気づきを通じて顕在化していない課題を含めた課題の抽出方法の共有化を図ることで，さまざまな課題を抽出できるようになった．役職者が関与することで今までにはない課題の幅や深さが増し，活動が活性化した．

これらの事例は，事業所トップや役職者のリーダーシップ，積極的な関与により，QCサークル活動の活性化が図られ，まさに実効性のある改善活動に変化したものである．組織のトップや役職者の果たす役割が大きいことを物語っている．

3.2.4　QCサークルに求める人材育成の役割

当社は，品質管理の基本であるQC的な考え方や効果的かつ科学的な

アプローチで問題を解決に導く問題解決の基本手順に関する知識を向上させるため，集合研修を全従業員に対して受講させている．そして，その研修で学んだ知識を QC サークル活動での実践を通じ，「わかる」から「できる」知識へと転換させている．その結果，各職場は QC サークル活動の過程において，組織として自律的に「教えて」「実践して」「フォローする」といった好循環を形成するとともに，担当する分野の専門技術・知識だけでなく，QC 的な考え方や科学的なアプローチで問題を解決に導く力，議論する力，資料をまとめる力，伝わる表現力を身につけるなど，個々人の能力伸長を図っている．

このように QC サークル活動を通じて育成された人材が，さまざまな枠組みによる改善活動全般で活躍し，改善活動全体が活性化することによって会社全体の業績アップにつながり，また，将来のさまざまな環境変化にも対応し会社が生き残っていける原動力となる．このようなことが QC サークル活動による人材育成の真髄であると当社は考えている．つまり，当社にとって QC サークル活動には，そういった QC サークル活動以外の場面でも活躍する「企業価値向上につながる改善活動ができる人材」を育成していく役割があり，なくてはならない活動なのである．

一方で，圧倒的な競争優位を築くための「(破壊的)イノベーション」を実現するために必要なスキルやマインドは，QC サークル活動とはまったく質の違う手段を活用して育成・醸成する必要があると当社では考えている．

3.2.5　おわりに

2016 年 4 月 1 日からスタートした電力小売全面自由化により，当社グループを取り巻く経営環境は，「地域独占・総括原価の世界」から「自由競争」の世界へと劇的に転換しつつある．さらに，2020 年には送

配電部門の分社化が予定されていることも見据え，2015年6月に当社発足以来最大規模となる組織改正を行い，事業部制を導入した．

今後は各事業部門の置かれる事業環境やミッションに違いが出てくることから，そのような環境下における QC サークル活動がどうあるべきか，部門横断的な議論を開始している．まず，「QC 的なものの考え方や改善活動の重要性はどの事業部門においてもますます高まる」との認識のもと，全社共通で必要な基本的な知識の付与は，これまでどおり全社的な人材育成プログラムのなかで実施していこうとしている．

一方，職場第一線における改善活動の進め方については，これまでのような全社統一的なやり方ではなく，各事業部門がそれぞれの環境，実態に応じた最適なやり方を自律的に考えて主体的に実行する方向がより適切だと当社では考えている．また，全社 QC 発表会については，優れたプロセスを褒めることでメンバーのモチベーションが高まったり，成果などの水平展開促進の場として有効となるため，自律的な事業運営を目指す事業部制の下ではむしろ必要性が高まると当社では考えている．しかし，その一方で，まだ議論の途上ではあるが，事業部門にとって最適な改善活動のあり方を追及してきた結果，QC サークルの定義や QC サークルの運営方法をもっと柔軟に考えるべきではないかという意見も出てきている．

ここで重要なことは，QC サークルは改善活動や人材育成のための非常に有力な「手段」ではあるが「目的」ではないということである．また，気をつけなければならないのは，どのような活動でも，長年継続することで，「光」の側面だけではなく「影」の側面も出てきて，マンネリ感ややらされ感が出てきてしまうということである．そのため，そのような「影」の側面があることも十分に認識しながら，「影」を減らして「光」を増やす努力をし続ける必要がある．極論すれば，長年使い続けてきた「QC サークル」というネーミングの妥当性についても再考す

る必要があるかもしれない．

　社内で議論を進めるなかで感じるのは，改善活動の手段としてはQCサークル以外にも多くのやり方があると考えられる一方で，人材育成の手段としてはQCサークルの代替となる有効なものがなかなかないのである．これはつまり，QCサークルは人材育成の極めて優れた手段であるということである．今後も「改善活動」「人材育成」両方の観点からQCサークル活動の推進継続と実効性の向上に努めていきたい．

（常務執行役員　稲田浩二）

3.3　事例3「コマツ大阪工場」

3.3.1　コマツ大阪工場のQCサークルの歴史とその役割

　コマツは，1961年に建設機械の資本自由化で外資企業の上陸による危機に直面し，このとき，品質を大幅にアップさせる「マルA活動」を実施し，全社的QCを導入した．その後1970年に入り，積極的に海外進出を開始し，①耐久性・信頼性，②プロダクトサポートを重点に全社的品質改善活動として「マルB活動」を展開し，開発から販売・サービスまでのTQMシステムの充実を図った．そして2001年より経営構造改革・モノ作り改革をスタートさせ，その改革のベースとして「QC活動」と「技術・技能の伝承」の強化に取り組んだ．2002年には「現場力強化」「モノ作り改革」の推進に当たって，QCの基本の大切さを再認識して業務を進めるべくNQ-5活動をスタートさせた．さらに2006年には「全世界の社員が時代が変わっても継続して守り続けたいこと」，先輩が成功・失敗の経験のなかから築き上げてきた「コマツの強み」「コマツで働く心構え」「基本的な行動基準」を明文化し，コマツウェイ（図3.2）として普及させてきた．

　そのような背景のもと，大阪工場においては，1963年にQCサーク

3.3 事例3「コマツ大阪工場」

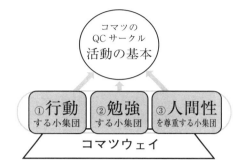

- 「行動する小集団」…品質管理の実践
- 「勉強する小集団」…自己啓発・相互啓発
- 「人間性を尊重する小集団」…明るい職場の実現

図 3.2 「コマツのQC活動の基本」の成り立ち

ル活動をスタートさせ，1969年には第1回QCサークル大会を開催し，260サークルのなかより3会場27件の発表会を実施した．その後1965年にはQCサークル活動の評価制度を，1980年にはQCサークル活動の運営の仕組みを確立し，規則として制定した．その後，改定を繰り返しながら今もなお，その規則にもとづき継続して運営されている．

2010年には30年継続していた大阪工場のQCサークル活動の仕組みをモデルチェンジし，サークルの世話人，指導員制度の実行体制をつくり，New-QC活動としてスタートし，現在に至っている．

■ QCサークルの役割

コマツの製品品質は常にレベルアップが求められ，その要求に応えるために，職場第一線の品質改善がより重要であり，その改善活動としてQCサークル活動を行ってきた．さらに，コマツはモノ作りの会社であり，そのモノ作りを支えるのが現場力である．現場力とは，①企業の成長戦力(課題)に対し，自律的に目標を設定し，継続的に改善する力，②日常の「当たり前」の業務(業務遂行能力)を全員参加で最後までやり

抜く力と定義している．その力の一つがQCサークルで，以下の役割を担っている．

① 経営方針より各職場に展開された方針にもとづいた，具体的な管理・改善活動の遂行
② 企業体質改善を図るためには，強い現場力が必要であり，自ら勉強しながら，技術・技能レベル向上を図り成長することで人材育成・能力向上をはかること
③ 目標を達成するに当たり，職場全体の総合力を発揮できるモラールの高い，明るい職場づくり

3.3.2 QCサークル活動のしくみ

当社では，QCサークル活動を，行動する・勉強する・人間性を尊重する小集団と定義し，QCサークル運営規則にもとづき継続的な活動を推進している．活動推進のしくみは，日常活動と半期活動に区分される．

（1）日常活動

① 期初に❶活動の基本姿勢，❷重点実施事項，❸活動指標，❹具体的な活動計画をまとめた活動方針を工場事務局より発行している．
② ①の活動方針と上司方針を元に部内活動計画を作成する．同時に，サークルでは半期活動計画，テーマごとの活動計画を作成して，活動に取り組んでいる．
③ サークルの会合記録は，テーマごとに冊子『QCサークル活動記録』にまとめられ，活動記録として保管される．
④ テーマが完了するとA3のQCストーリーシート様式の「活動計画・報告書」にまとめられる．これによりすべてのテーマは

QCストーリーにまとめられ，決められたスペースにわかりやすくまとめる訓練となる．また，活動結果を整理し，アピールするシートとしても活用される．
⑤　活動報告書は表彰申告書とともに上司へ提出され，面談とともに活動内容について評価を受ける．

(2)　半期活動
①　半期に一度各課で優秀・優良サークルを選出し，工場事務局へ「QCサークル表彰推薦書」が提出される．その推薦書の内容について評価表彰委員のメンバーによる書類及び「現場パトロール審査」が行われ，優秀・優良・努力賞が決定し，表彰される．
②　活動成果は，プレゼン能力向上，QC的考え方の訓練となる．例えば，水平展開を兼ね各部門内で発表会が行われる．さらに大阪工場QC大会が年1回(7月第1土曜日)開催され，各部より選抜されたサークルが発表を行う．
③　毎年11月中旬に海外工場，関係会社，協力企業も含めたオールコマツQC大会が国内の工場で開催され，大阪工場QC大会で優秀な成績を収めたサークルが出場し発表する．
④　他にも特徴的な大会として　部門別QC大会がある．機械・熱処理，溶接，保全，組立，塗装，検査など，同一職種の人が年1回集まり，活動成果を発表するとともに，活動の進め方，改善の内容，標準・規則類について水平展開の討議を行っている．同時に，日頃抱えている悩み，問題点についても意見を交わし改善について話し合っている．
⑤　その他QCサークル近畿支部大阪・近畿南地区の発表大会に参加するなど，社外発表会へも，ベンチマークも兼ねて積極的に参加している．

3.3.3 QCサークル活動の活性化における管理職(上司(管理者・監督者))の役割と実践

QCサークル活動が活性化し効率的に成果を上げ続けるためには「推進のしくみ」とともに、組織をあげて推進・支援する体制が必要である(図3.3)。

QCサークル活動の運営組織と推進体制は、事務局、工場世話人、工場指導員で以下の役割をもって活動している。

① 事務局は工場、部、課各々のQCサークルの活動の統括(企画・推進・運営・管理・指導)を行う
② 工場世話人は、部門のサークル活動の活性化・レベル向上のため、側面から管理監督者・事務局への働きかけ・支援を行う
③ 工場指導員は、部門のQCサークルへの教育・助言・指導、及

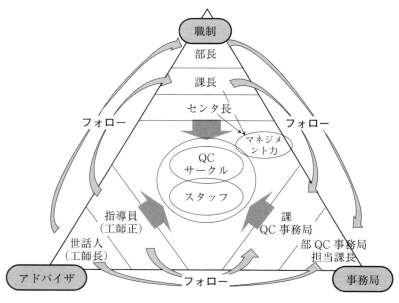

図3.3 QC活動推進体制

3.3 事例3「コマツ大阪工場」

びサークル直属監督者への働きかけ・支援を行う

（1） 情報交換の場

大阪工場ではQCサークルリーダと上司（直属のセンタ長，課長）とのコミュニケーションが重要と考えている．

常に「報・連・相」のできる職場づくりが必要であり，そのため，リーダと上司が「情報交換できる場」をしくみのなかに入れて，必ず活動の節目節目でコミュニケーションをとれるようにしている（図3.4）．

① 活動方針・計画の説明：管理・監督者としての方針・考え・計画を説明する
② 会合報告書のアドバイス：報告書に具体的な助言と意見を記入する
③ QCサークルリーダ会議：議事に関する指導・助言
④ 目標達成時のサークル面談：達成テーマごとに面談を行い，活

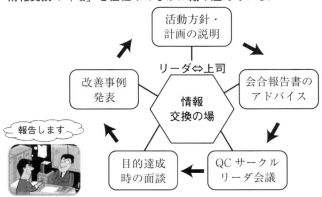

図3.4　リーダと上司とのコミュニケーションづくり

動評価を実施したり，所見を説明する
⑤ 改善事例発表：プレゼンテーション指導，サークルの発表に先立ち，上司の指導内容を発表する

(2) QC道場

卓越した技能を有する世話人，指導員が塾長・副塾長となり「QC道場」の名前で指導会を開催している．「改善の型を学び，改善の技を学ぶ！」ことをねらいとして，改善のノウハウを伝承することが目的である．

各職種・職場より選抜されたQCサークルリーダーに改善テーマを持参させ，半年ごとに研修・グループディスカッション・記録・宿題の実行を繰り返し，課題を達成させる．その過程でベテランの考え方も含めて，ノウハウを取得させている．

(3) QCサークル活動貢献度評価

部長からスタッフに至るまで，QCサークル活動に対して「どれだけ関心をもっているか」「どれだけ貢献しているか」を年1回各個人で振り返り，評価を行っている．これにより，1年の取組みを振り返るとともに次年度の課題を設定している．

3.3.4 QCサークルに求める人材育成の役割

コマツグループの建設・鉱山機械の売上げの大半は海外向けであり，全グループ会社社員数の半数以上は日本以外の国籍の社員で占められており，一段とグローバルレベルでのチームワークが必要である．さらにコマツでは開発と生産を一体化したマザー工場がチャイルド工場を指導する責任をもち，大阪工場は米国，英国，中国，タイを含む17のチャイルド工場がある．大阪工場が培ったモノ作り技術でそれらのチャイ

ルド工場を指導し，「現場力強化による継続的改善」を推進する役割を担っている．また「生産工場」としての役割のほかに「新生産技術開発拠点」の役割ももっている．そのような役割のなかでマザー工場としてお手本となる QC 活動を継続して展開するためには，「強い現場力を備えた社員」「自立し自走する社員」の育成が重要である．グローバルで活躍できる人材の育成として各職能におけるプロフェッショナルを育てることに重点を置き，選抜研修，階層別研修，及び職能別専門研修などを行っているが，職場第一線において QC サークルは人材育成の一端を担っている．

経営方針を各職場に展開して，QC サークルも周囲からの協力・援助の下，具体的な管理・改善活動に取り組み，その活動を通じて以下のように自ら勉強しながら，知識・技術・技能レベルの向上を図り成長していく実践の場としている．

① テーマ選定に当たっては，経営方針と部・課方針，職場の課題の把握により，問題意識を高める
② 管理・改善活動では，QC サークル手法の習得，技能・技術力の向上，QC 的ものの見方・考え方の実践，協調性，自発的積極性，問題解決力のレベルアップ，さらにリーダーシップ，メンバーシップ，人間関係への対応力，コミュニケーション能力の向上を図る
③ まとめと発表の経験では，プレゼンテーション能力の向上やベンチマークの重要性を学ぶ

以上のような活動を通じて以下の結果を得ている．
- 皆で達成した改善の達成感・喜びが次へのやる気を醸成する
- 問題解決力や知識の向上とともに，勉学心が向上する
- 問題意識が向上するとともに，会社の状況がわかるようになり，また仕事への意欲が向上する

このように，QCサークル活動を行うことで，「さらなる改善への意識・意欲・能力の向上」へと正の循環がもたらされ，現場力の向上，「強い現場力」の習得につなげることができる．

（大阪工場　品質保証部長　世良正博）

3.4　事例4「株式会社ジェイテクト」
3.4.1　当社のQCサークルの歴史とその役割

株式会社ジェイテクトは2006年1月，光洋精工と豊田工機が合併して誕生した．光洋精工と豊田工機両社が培った技術とものづくりへの情熱を一つにし，自動車部品，軸受，工作機械のシステムサプライヤーとして，世界に誇るナンバーワン商品，オンリーワン技術をお客様に提供し，社会に貢献し続けている（図3.5）．

ジェイテクトの3つのブランドは，それぞれが互いに共鳴し高め合いながら，自動車部品から鉄鋼，鉄道，航空・宇宙，建設機械，農業機械，風力発電など，さまざまな領域で社会を支えている．

QCサークル活動は，旧光洋精工時代では2003年から近畿支部大阪・近畿南地区の幹事会社として，また，旧豊田工機時代においては1984年より東海支部愛知地区の幹事会社として，それぞれの地域におけるQCサークル活動の普及・発展に参加し，現在も皆様とともに活動を続けている．

QCサークル活動は，合併以前から両社とも導入しており，互いに違った企業風土で育ったメンバー間の価値観を共有するツールとなり，両社の融合に大いに貢献した．

現在では，国内12工場で約820サークル，間接部門で約200サークル，そして，海外の6拠点（欧州，北米，南米，中国，アセアン，インド）で約900のサークルが活動している．

3.4 事例4「株式会社ジェイテクト」

GROUP VISION

No.1 & Only One
― より良い未来に向かって ―

私たちジェイテクトグループは、お客様、サプライヤー、従業員との和を大切にし、
「価値づくり」「モノづくり」「人づくり」を通じてナンバーワン、オンリーワンの商品・サービスをお届けします

お客様の期待を超える
「価値づくり」
商品・サービスを通じて、
お客様の期待を超える価値を
提供します

世界を感動させる
「モノづくり」
匠の技を極め、
ダントツ品質のモノづくりを
追求し続けます

自らが考動する
「人づくり」
ジェイテクトグループの一員として、
自信と誇りと情熱を持ち、自ら考え
行動する人を育てます

図 3.5 JTEKT GROUP VISION

このように,当社におけるQCサークル活動は,企業風土の違いや言語の違いがあっても,交流会や発表会の場を通じてともに語り合え,ともに成長できる重要な活動として定着しつつある.

3.4.2 QCサークルがもつ現場力向上の特徴

当社では,現場力を「やるべきこと(SDCAサイクル)をきっちり実施できる能力」「問題解決のための手順(PDCAサイクル)を確実に回すことができる能力」と考えている.そして,「S:標準⇒D:遵守⇒C:異常への気づき⇒A:是正処置」サイクルや「P:計画⇒D:実施⇒C:評価⇒A:処置」サイクルを確実に回せるように,日常領域における人材育成・職場の活性化を目的に,全部署において小集団活動を展開している.

工場部門や間接部門においては，QCサークル活動を通じて，日常業務の維持・改善に取り組んでいる．技術部門では，コンピュータ中心の仕事のやり方になっており，担当者の仕事の進捗状況や困り事が見えにくくなっている現在の設計・開発業務に対して，マネージャーが中心となって各担当者の仕事の状況をチーム（小集団）で共有し，チームとして成果を上げられる仕事のやり方への変革に取り組んでいる．

また，「個人戦から団体戦への変革」，つまりメンバー全員の知恵を出し，力を合わせるやり方に変えるため，仕事は個人のものではなく職場のものであることを全従業員が共通認識としてもてる活動に取り組んでいる．一方で，企業を取り巻く環境変化への迅速な対応は，マネジメント力そのものであると考えている．

全世界で日々変化する為替レートの乱高下や地域の状況変化などに対し柔軟に対応できる企業体質がなければ，永続した企業活動は成り立たない．地域社会や企業の将来を見据えて，組織のあり方や仕事の進め方を改革するためには，方針管理が十分に機能する必要がある．

方針管理は，"PDCA"サイクルを回すことにより，環境変化への対応やお客様の新たな期待に応える「価値創造のサイクル」であり，「問題発見・課題達成のマネジメントサイクル」といえる．

方針管理で得られた新たな価値は，日常管理において逆戻りさせないように定着（維持）させ，さらにより良い価値へ進化（改善）させるために，"SDCA"サイクルをしっかりと回さなければならない．したがって，"PDCA"サイクルと"SDCA"サイクルは別々の取組みではなく，常に両サイクルを同時に回すことができる力が必要と考えている．

当社における「方針管理（PDCA）」「日常管理（SDCA）」のベースには，「問題解決能力（QC的ものの見方・考え方）」があり，全従業員が仕事のなかで実践できるように役員・部門長から新入社員に至るすべての階層において「問題解決研修」を行っている．

さらに，各工場においては，現場監督者(推進者)がリーダーとなってQCサークル活動の運営を行い，QCサークル活動の活性化とレベル向上への施策を自ら考え，実行する活動を行っている．運営組織のあり方は，各工場の特徴を踏まえて構成されている．

各工場のQCサークル活動の取組み状況は，全社事務局が主管する「QCサークル部会」などを通じて全社で情報共有ができる仕組みとなっている．

当社では，国内関係会社，並びに海外事業体を対象としたQCサークル活動における改善事例発表大会を各1回／年開催し，改善事例の共有とその活動成果を賞賛する機会を設定している．

特に，「グローバルQCC改善事例大会」は，世界の6拠点ごとに発表会を開催し，それぞれの地域代表が日本で発表できるようにしている．この仕組みは，海外事業体のメンバーがQCサークル活動に取り組む大きなモチベーションとなっている．さらに，「グローバル大会」開催と合わせて懇親会を開催し，今まで会ったこともない，話したこともないメンバー同士が"QCサークル活動"という共通の価値観をもってコミュニケーションがとれる環境をつくり上げた．これらは，ジェイテクトグループの一体感をより強固なものとする仲間意識の醸成に一役買っている．

3.4.3　QCサークル活動の活性化における支援者(課長)の役割と実践

QCサークル活動の成否は，問題解決活動を通して築き上げた職場の良好なコミュニケーション風土と知識・技能を修得するために努力や工夫した点を他のサークルと共有し，互いに高め合い切磋琢磨できるように，メンバーだけでなくQCサークル活動を支援する課長クラス(支援者)の積極的な行動にあると考えている．また，支援者がQCサークル

活動に対する自らの思いを自らの言葉でメンバーに語りかけることで，メンバーが「いつも課長は自分達のことを見ていてくれる」と思える職場の雰囲気をつくり出すことに努力している．なぜなら，メンバーが「上司が常に関心をもって見ていてくれる」と思うことで，QCサークル活動に対する取組み方に変化が出てくるからである．

このようなコミュニケーションを実現するため，支援者自らがQCサークル活動の目的や指導方法を学び，積極的に社外での発表会や研修会へ参加し，そこで学んだことを自職場のメンバーに朝礼や昼礼で話をするようにしている．また，自職場のQCサークル会合にも計画的に出席し，メンバーの困り事やサークル活動の進め方への悩みなどに積極的に耳を傾け，必要に応じて助言している．

メンバーが，自ら進んでQCサークル活動に参加し，改善に必要な知

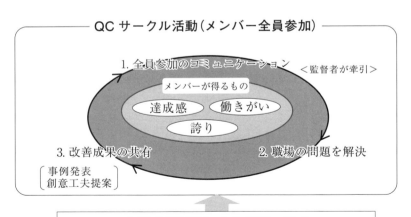

図3.6　QCサークル活動と支援者

識・技能を積極的に修得しようとする意識づけ(動機づけ)をするのが支援者としての責務である．支援者としての一番の仕事は，「人を育てること」「人の力を最大限引き出し，活力ある職場，モチベーションの高い職場をつくること」であり，そのために，自らがQCサークル活動の牽引役として活動している(**図 3.6**)．

3.4.4　QCサークルに求める人材育成の役割

QCサークル活動の目的は，「人材育成と活力ある職場づくり」であることは疑う余地がない．QCサークル活動による人材育成が企業にもたらす効能として，大きく次の3つの役割があると考えている．

(1)　一体感の醸成

小集団で問題解決・課題達成に取り組むことで，職場メンバーとの一体感を醸成することができる．

企業は，人と組織で成り立っている．一人ひとりが仕事の遂行において同じ目的をもち，目的を達成するための施策を議論し，実行することで，企業にとってより大きな効果を得ることができる．組織を構成する人は，ややもすると個人商店化しがちな職場環境に埋もれてしまうが，個人が行った仕事の成果は職場の成果とし，企業の成果へと繋がっていることを自覚しなければならない．

(2)　リーダーシップの育成

QCサークルリーダーは，メンバー一人ひとりの特徴を把握し，まとまりのある集団としてQCサークルを一つの目標に向かって進めていく役目がある．

個人では対応できない事象に関して，他のメンバーの能力を活かし，必要に応じて上司や関係部署への働きかけを通じて，職場マネジメント

のやり方を自然と身に着けていくことができる．

　企業が永続して存在していくためには，次世代のマネージャーの育成が課題であり，実践を通じて養われたリーダーシップをもった人材を育てることが大切である．そして，QC サークルを運営するということは，小さな集団（組織）を経営することであり，経営者としての感覚を養うことにも通じる．

（3）　環境変化への対応力強化

　職場を取り巻く環境は，日々変化し，また，解決しなければならない問題・課題は日々発生している．これら日々発生する問題を解決し，課題を達成していくことで，将来起こり得るより大きな問題への対応能力が養われる．メンバー一人ひとりが，仕事の目的を理解し，責任をもって自らの役割を果たそうとするなかで，スピードをもって問題解決や課題達成を成し遂げなければならない．それには，自ら考えて行動に移す「考動」ができる人材の育成が重要である．

　当社はジェイテクトグループ共通の価値観として"JTEKT WAY"を 2016 年 4 月に制定した（図 3.7）．これには，2006 年 1 月，光洋精工の 85 年，豊田工機の 65 年，合わせて 150 年分の歴史や先人の想いを受け継ぎジェイテクトは誕生したという思いが込められている．

　"JTEKT WAY"は，合併両社の創業者の精神をベースに"暗黙知"として脈々と受け継がれてきた良き伝統，文化を取り入れながら，ジェイテクトグループとして守るべき新しい思想，理念を整理，集約し"形式知"化したものであり，今後より一層の一体感をもって発展していくための，ジェイテクトグループ共通の価値観である．

　QC サークル活動においても，この"JTEKT WAY"に沿った活動になっているかを，QC サークル活動に携わるすべてのメンバーが自問自答しながら日々活動している．

図 3.7　JTEKT WAY

（執行役員　木村 勉）

3.5　事例 5「積水化学工業株式会社」

3.5.1　当社の小集団改善活動（QC サークル活動からグループ改善活動へ）の歴史と役割

　積水化学工業株式会社における小集団改善活動は，1966 年に「QC サークル活動」として始まった．QC サークル活動が 1962 年に誕生したことを考えると，早い時期から小集団改善活動への取組みが行われたといえる．

　当初，生産工場ごとの自主的な活動として始まったが，10 年後には TQC 活動をベースにした全社的な活動として展開し，1979 年の「デミング賞受賞」を機にその活動は拡大した．

　その後，活動を進めるなかで，狭義の品質管理だけではなく，安全向上，生産性改善，コスト削減など多様な側面からの改善に取り組む必要

性が生まれ，現場のなかに複数の改善小集団が存在するケースも見られるようになった．そこで全社的に，小集団改善活動に対する方向づけと一元化について検討が行われ，1987年に積水化学における総合的現場改善活動として方向を定め，当社における小集団改善活動の名称を「グループ改善活動」として統一し，現在に至っている．

「グループ改善活動」は，自主的活動として位置づけられた時代もあったが，現在の当社におけるグループ改善活動の特徴は，事業戦略・上位方針と直結した活動である．業務として位置づけた，実務的・実質的な活動であるが，結果だけではなく改善プロセスを大切にする活動である．このような活動を通じて，改善する風土を定着させ，一人ひとりの成長を実現していくことがグループ改善活動のねらいである．そのため，グループ改善活動は，人材育成，グローバルモノづくり基盤強化のための重要な活動になっている．

グループ改善活動は，積水化学グループのモノづくりを行う国内外の工場・事業所において展開している．発表会は各工場，事業所，事業部門（カンパニー），海外地域ごとにそれぞれ工夫をしながら開催している．また年に1回，それらの代表グループが発表し合う全社大会を開催している．これらの発表会は，経営・管理者・現場が一体となり，グループ改善活動を支援し，改善の重要性を共有化するとともに相互研鑽を行う場である．

3.5.2　QCサークル活動がもつ現場力向上の特徴（工夫）

当社の改善活動は，最初はQCサークル活動から始まったが，その後自社に適した形に変遷を重ね，独自の「グループ改善活動」として活動している．

しかし，グループ改善活動とQCサークル活動には，小集団改善活動として共通的なポイントがある．そこで以下，当社におけるグループ改

善活動の経験にもとづき，QCサークル活動における現場向上の特徴・工夫などについて解説する．

（1） QCサークル活動は，実践・実体験を通じてさまざまな学びを得ながら，実践的改善能力を身に着けていく活動

"現場"は，企業活動におけるすべての努力を製品・サービスという形で価値に転換する特別な場所である．その現場で働く一人ひとりが自身の能力を向上させ，成長し，実践的な改善能力を身に着けることは，働く人そして企業・組織にとって実現したいことである．QCサークル活動がもつ現場力向上の特徴（工夫）は，現場の一人ひとりが「現場改善への取組み」という実践・実体験を通じてさまざまな学びを得ながら，実践的改善能力を身に着けていくことにある．

このように，QCサークル活動は，職場のメンバーが協力し，助け合いながら改善を実体験し，改善マインド・知識・実践ノウハウを身につけていく活動である．そのため，適切にQCサークル活動を運営することで，効率的・効果的に能力向上が期待でき，そのことが，結果的に企業体質を強化し業績に貢献することになる．

（2） QCサークル活動はボトムアップとトップダウンの融合のなかで行われる活動

QCサークル活動には，「ボトムアップとトップダウンの融合のなかで行われる活動」という特徴がある．ボトムアップとは現場の自主的行動ということであるが，より明確には「能動的な改善行動」のことである．そしてトップダウンとは，「活動の枠組みを設定するとともに，活動に対する支援や励ましを行うこと」である．

ボトムアップとトップダウンとの融合とは，つまり「現場では活動の枠組みのなかで能動的に活動・学習・体験を重ねること」であり，こ

こで「経営が改善の重要性を理解・支援し，改善行動を奨励すること」で，相乗的に人材育成と企業体質強化を進めることが期待できる．

QCサークル活動は，多様な業種や企業や組織において，それぞれの考え方や事情に応じた運営が行われている．自主的に身近なテーマに取り組むことに重きを置く場合もあり，また，当社のように方針管理に直結した活動と位置づけている場合もある．

運営の形はさまざまであるが，いずれの場合も，経営と上長・管理者，現場が一体となり改善を行うことで，人材育成を進め，その結果として業績貢献を実現する取組みであるといえる．

3.5.3 QCサークル活動の活性化における上長・管理者の役割と実践

QCサークル活動は，活動を開始すればうまくいくというものではない．QCサークル活動の有効性を発揮させるための基盤は，経営のバックアップにある．まず経営がQCサークル活動を理解し，運営に対する意思統一を行うことが重要である．

そのうえで実務的には，QCサークル活動推進のキーマンは，上長・管理者である．上長・管理者の意識・行動により，活動の質や活性化の状況，メンバーのモチベーションなどに違いが出てくる．上長・管理者の意識・行動が，QCサークル活動の質と活性化を左右しているといっても過言ではない．

QCサークル活動の"自主性"が強調された時代には，誤った理解から上長・管理者が活動に関与しない"放任"が問題になったことがある．また，放任とまではいかなくても上長・管理者のかかわりが少ないため，活動がうまく進まないという状況が見られることもある．そうしたことがないよう，上長・管理者は自らの役割の重要性について，しっかり認識しておくことが必要である．

上長・管理者がかかわる場面は，QCサークルメンバーとの日常的相談を含めた活動全般である．そのなかでも特に，「改善テーマの具体化」「全体ストーリー（改善の進め方の流れ）のつながりの確認」「改善に必要な費用面・他部門への協力依頼などの支援」の3つの場面でのかかわりが重要である．上長・管理者が，以下に説明するようなポイントを押さえながら参画することにより，活動がスムーズかつ適正に進めることができるようになる．

（1） 改善テーマの具体化

何のヒントもなく，まったく自主的にテーマを選定して取り組むということは，実際にはなかなか難しい．活動が行われているのは企業や組織である．それらは仕事の場であり，何らかの業務と関連したテーマに取り組むことが一般的であり，テーマも具体化しやすい．

「現場として日常的に困っていること，無理やムダと思っていること，重要と考えていること」などの問題意識と，「会社・職場が置かれた状況認識や部や課の方針・計画」とを突き合せるなかで，質の良いテーマは生まれてくる．

活動時間とマンパワーは限られている．そのなかで「どのようなテーマに取り組むのか」というテーマ選定はQCサークル活動における重要ポイントである．納得感のあるテーマにまで絞り込むのは，サークルと上長・管理者が協力して行う共同作業である．

テーマを具体化する作業を通じて，上長・管理者は現場の実態・現場の問題意識を理解する．そして同時にメンバーは会社・職場が置かれた状況や部や課の方針・計画を理解する．このように，テーマの具体化は上長・管理者とQCサークルメンバーとの，相互理解を深めるコミュニケーションの場である．

（2） 全体ストーリー（改善の進め方の流れ）のつながりの確認

　改善は，QCストーリーに沿ってQC七つ道具などの手法を活用しながら進められる．しかし，QCサークルとしては適切に進めているつもりでも，全体ストーリーとしての論理がつながっていないことがある．例えば，パレート図を示しているのにもかかわらず，以降のステップでは最も比率が高い項目ではなく他の項目を取り上げ，検討や解析を進めている場合などである．

　こうしたことはQCサークル自身では気づきにくく，少し離れた目で見ないとわからない．上長・管理者が客観的に全体のストーリーとしてのつながりを眺め，疑問と思うところを質問し，必要な場合には方向修正のアドバイスをすることが，改善を進めるうえで効果的な支援となる．

　その際，上長・管理者のなかには「改善活動の経験や手法知識がなく，アドバイスが難しい」と心配する向きもあるかもしれない．しかし，そうした心配は不要である．たとえ的外れであっても，いろいろな考え方の視点を提供することに意義がある．さまざまな視点から議論し一緒に考えることで，進め方の方向修正が可能となり，適切な進め方を見い出すことができるようになる．

（3） 改善に必要な費用面・他部門への協力依頼などの支援

　改善を進めるなかで，QCサークルだけでは進めることが困難で，支援が必要となる場面がある．代表的な事柄が，改善にともなう費用の確保，そして他部署に対する協力依頼である．これらの支援は，上長・管理者の重要な役目である．

　対策実施においては，何らかの費用が必要となるのが一般的である．また，試作的に試行してみる場合に費用が必要となることもある．手づくりではなく専門部品を購入したほうが信頼性も高く，時間的に有利な

こともあるが，QCサークルでは，費用的に最小限にしようと自ら制約をつけてしまうことが少なくない．費用をかけないで改善しようとする気持ちや工夫は貴重なものであるが，費用対効果を考えながら，必要な費用をかけられるように支援する必要がある．

また，改善が自職場だけで完結できればよいが，関係部署など他組織・専門家の協力を得る必要に迫られることもある．技術的な専門知識を知りたい場合や試作の依頼，データをとるための協力依頼などさまざまである．こうした依頼をQCサークル自身ができればよいが，依頼しようとしても依頼の仕方がわからず，また心理的な障害もあり，苦慮する場合もある．他への働きかけがないまま内向きの活動に終わらないよう，上長・管理者は，他部門との必要な連携を積極的に支援することが必要である．

3.5.4 QCサークルに求める人材育成の役割

QCサークル活動を展開することで，実現したいことがらに，「日常的に改善が当たり前のように行われている組織風土」，すなわち「改善風土の醸成」がある．

改善風土が醸成されてくると，職場を理解し，方針を理解することで，新たな問題を発見する目が養われ，問題発見能力が身についてくる．職場全体で積極的に改善が取り組まれるようになれば，具体的なテーマに取り組み，問題解決の体験を重ねることで自信がついてきて，そのことがさらなる学習意欲を喚起し，また職場や改善活動における新たな役割に挑戦するなどの積極行動にもつながってくる．

これらのことは相互に関係しており，それぞれが，図3.8に示すような原因と結果の関係になっている．改善という経験を重ねるなかで改善能力をもった人材が育成され，それが改善の組織風土を醸成し，そのなかでさらに人材育成・成長が図られるという「好循環」が形成される．

3章　QCサークル活動による人材育成の企業事例

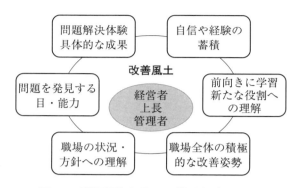

図 3.8　問題解決を通じた「好循環」の実現
（改善風土醸成と人材育成のサイクル）

　QCサークル活動に求める人材育成の役割は，この好循環をつくり上げていくことにある．そのなかで培われる能力は，多様な実践的能力であり，それには下記のようなものがある．

①　改善マインド・積極的な姿勢
②　問題解決・適用手順を身につける力
③　各種改善手法に関する知識とその適用能力
④　リーダーシップ
⑤　協力性・協力的な姿勢
⑥　粘り強く課題に取り組む力
⑦　状況に応じて適切な方向を見つける力
⑧　会社・組織や市場の状況，現場が置かれた状況や課題を理解する力
⑨　製品や技術に関する知識・関連情報などを理解する力

　今後も生じると考えられるさまざまな経済環境や状況の変化のなかで，現場においてはさまざまな変化が起こると思われる．そうした変化のなかで，企業・組織・現場として，こうした好循環を維持していくことがますます必要である．

しかし，このような好循環は，「自主的なQCサークル活動」の延長線上，あるいは単に活動を始めただけでつくり上げられるものではない．QCサークル活動は人材育成・現場力強化の有効な経営ツールであると考えられるが，経営ツールとして最大限その機能を発揮できるようにするためには，経営者，上長・管理者，そして現場・リーダーなどが協力し，運営方法の工夫を重ねながら継続的に活動を行うことが重要である．

（生産力革新センターCS品質グループ　技術顧問　北廣和雄）

3.6　事例6「ダイハツ工業株式会社」

3.6.1　当社のQCサークル活動の歴史とその役割

　弊社の活動の歴史を振り返ると，昭和40(1965)年5月に「第1回QCサークル発表会を開催した」との記録が残っている．これは昭和39(1964)年の秋に各課で発足したQCサークルを代表して，16名の班長が活動の成果を発表したもので，そのときの社内報からは，活動開始当時の熱気が伝わってくる．発表者のコメントからは，「活動を始めてから，メンバーが積極的に問題をもちかけてきたり，"こうしよう"と改善案を進んで出してくれるようになりました」「今まではデータなしで"あーだ，こうだ"といっていましたが，データをとるようになってからは説得力がついたので，関係する課の人達と話が通じやすくなりました」「自分たちで問題を取り上げて，自主的に解決していけるという自信がつきました」といった感想が並び，QCサークル活動の効果を実感していることがわかる．

　さらに，工場長からのコメントとして「QCサークル活動の目的は，ただQC手法を駆使して問題を解決するその成果だけにあるのではありません．結果だけでなくサークル活動を通じて各職場で自主的に問題を

取り上げて，自ら目標を決めて，計画・実行していき，その結果をフォローアップしていくという心構え・やり方が非常に大切だと思います．それによってスムーズな人間関係を確立し，お互いの協力で守れる標準化を推進することで，皆が決められたことは守ろうという職場になる」旨，話された記録も残っている．

このように単に改善の成果を追うだけでなく，職場風土づくりを目指して立ち上がった当社のQCサークル活動は，現在まで50年以上も継続している．

3.6.2　QCサークルがもつ現場力向上の特徴（工夫）

ものづくりに携わるわれわれにとって，お客様に選んでいただける製品を世に送り出していかなければ，企業として存続できない．そのためには優れた現場を組織し，維持・向上していかなければならないことはいうまでもない．特に自動車を製造するプロセスは，「すり合わせ型」のものづくりといわれている．例えば「乗り心地の良い車」をつくるには，さまざまな部品を緻密な計算のもとに連携させ，最適な配置を行わなければならず，僅かなズレが乗り心地を大きく左右する．そのようなものづくりを行っている当社にとって，現場で働く一人ひとりが，「お客様のために」という高い意識をもち，自立して問題を解決する力をもつことが重要であり，現場の解決力は企業としての生命線ともいえる．

現場力向上のためにさまざまな取組みを行っているなかでもQCサークル活動は日頃から地道に行うべき体質を強化するための活動と位置づけ，製造部門を中心に着実に継続するよう心がけている．そのため，新入社員への導入研修から職制対象の推進者研修まで，職位・年次に応じた幅広いカリキュラムを揃えて教育することで当社のQCサークル活動に貢献している（図3.9）．

図3.9の5～7年目研修では初めてテーマリーダーになることを想

3.6 事例6「ダイハツ工業株式会社」

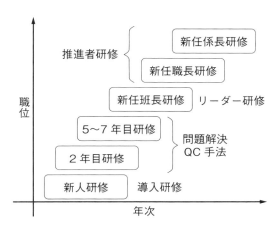

図3.9 QCサークル活動を行うための研修体系

定し，活動の運営ができるよう，QC手法を活用しながら問題解決のステップを学ぶなど，工夫している．この他にも例えば，リーダー研修，推進者研修などの役割研修が行われる．そこでは，各々のあるべき姿を明確にしたうえで，現状とのギャップを埋めるためにやるべきことを洗い出せるような，自分自身の役割の理解を主眼としている．

職場の実践面では会社として活動を推奨する姿勢を示すべく，会合するための時間を業務として一人当たり月2時間確保している．この時間枠を利用するために，例えば昼一番に30分ラインを止めて定期的に会合を開いている職場もあり，QCサークル活動を根づかせることに繋がっている．また，各サークルでは，ポスターサイズの記録表にQCステップごとに活動内容を記録して職場の「見える化」ボードに掲示し，職制が進捗をフォローできるようにしている．

このような活動を通じて，現場では「他のサークルに負けるな」という良い意味での競い合う気持ちが働き，活動に取り組む雰囲気を盛り上げることにも役立っている．

職場の一体感を形づくり，活動に取り組む気運を盛り上げるため，国

内外の関係会社も参加するオールダイハツ QC サークル大会を年 1 回開催している．また，優秀なサークルを海外事業体での QC サークル大会へ派遣し，現地の言葉で発表する経験をさせるなど，グローバルに活躍できる人材の育成も進めている．

3.6.3　QC サークル活動の活性化における管理職の役割と実践

　QC サークル活動を長く続けていると，マンネリ化・形骸化の問題に悩まされることは，どの企業においても経験されている．当社でも過去そのような反省があるため，活動の活性化には管理職のかかわりが最大のキーであると考え，基盤の強化とともにさまざまな工夫をしている．

　まず，課長を「課推進リーダー」として，課の活動を牽引すべき責任者である旨を明確にしている．具体的には，自職場の「部下をどう育て，職場を変えるのか」といった想いを明確にしてもらい，その実現のため，QC サークル活動を使った実行計画に落とし込んだものを活動方針として職場へ展開してもらって，課員がいつでも見ることができるところに掲示してもらっている．また，部次長クラスの世話人のなかから，QC サークル活動に明るい人を「代表世話人」に委嘱し，自らの活動経験を活かしてさまざまな施策を検討・推進するご意見番的な役割を担ってもらっている（図 3.10）．

　また，全社の活動方針の策定や進捗確認のための会議体として，TQM 担当役員を委員長，製造担当役員を副委員長とする全社推進委員会を年 2 回開催し，会議だけではなく現場での実際の取組みを現地・現物で確認・共有するなどの活動も行っている．

　このようにして，当社では役員・管理職が常に活動に関心をもち，支援する体制をとっている．

3.6 事例6「ダイハツ工業株式会社」

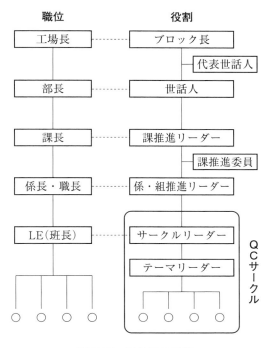

図 3.10　職位別の役割

3.6.4　QC サークルに求める人材育成

　QC や TQM といった活動には，「Q」つまり「品質」の意味が込められているが，当社では，品質はすべての努力が最後に結実した結果だと考えている．そのため，製品の質の前に，職場の質や人の質があり，そこを高めることが重要だと考えている．

　まず，強い職場を実現するには，職制の力量が重要であり，ポイントとなる着眼点が2点ある．

　1点目は職場の問題をうまく吸い上げる力である．職場には改善すべき問題は数多くあるが，それを職制が引き出すことができるかどうかが問題となる．上司に問題を解決する力（腕前）がないと部下は相談する気

にならない．

2点目は職場の全員を同じ方向に向かわせる力である．職場は一人の力では成り立たず，また力が揃わない職場は強い競争力を発揮することができない．進むべき道，その進み方を示し，牽引する力が求められる．

以上のような2つの力量をもった職制の元でQCサークルをうまく使うことで人は育つ．

QCサークル活動とは職場業務の改善であり，仕事そのものである．職場運営の土壌づくりとともにQCサークル活動を進めることが，人材育成につながると当社では考えている．

(取締役専務執行役員　松下範至)

3.7　事例7「パナソニック株式会社」
3.7.1　当社のQCサークル活動の歴史とその役割

日本でQCサークルがスタートした1962年に当社でもQCサークル活動を開始した．それ以来，米国を初めとした海外事業場に展開を図り，1991年からグローバル大会を開催し今日に至っている．当社では，QCサークル活動を全員経営の実践として，関連する人や職場が固有技術・管理技術・情報を活用し，互いに協力して課題の認識とその改善活動を継続的に行う活動に位置づけており，自主性を運用の基本として進めてきた(図3.11)．

しかし，ものづくり現場の環境が大きく変化するなかで，従来の進め方だけでは，職場間でQCサークル活動に大きな差が生まれつつあった．そこで当社では，「QCサークル活動の原点に戻る」を活動の基本とし，「QCサークル活動は，品質最優先を実践しうる風土・人材づくりの活動」と位置づけるようになった(図3.12)．

3.7 事例7「パナソニック株式会社」

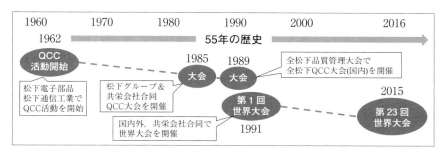

図 3.11　QC サークル活動のあゆみ

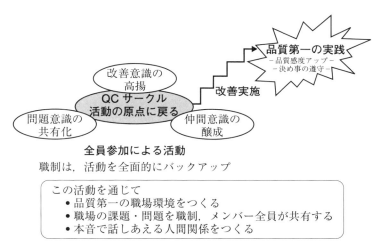

図 3.12　QC サークル活動の位置づけ

3.7.2　環境変化と当社の QC サークル活動の位置づけ

当社でも 2000 年頃からものづくりの環境が大きく変化し、海外生産、外部生産委託、部材の海外調達が拡大するなか、生産方式や労働力が多様化し、QC サークル活動も時代の変化に対応した取組みが年々求められている。そのようななか、当社は 2007 年に次に示す「QC サークルの 5 つの指針」を策定し、現場力向上の活動を現在まで継続してきた。

①　「QC サークルの基本」を徹底

現場での愚直な活動実践・訓練を通じて,「品質の基本」を鍛える.現場重視の活動,データにもとづく管理,必要に応じた統計的手法やQC七つ道具・新QC七つ道具の活用

② 改善活動に大小はない

製造現場における1件の不良でも,お客様にとっては発生率100％の品質問題である.品質問題の大小に関係なく,徹底して漏れをなくす.

③ 衆知を集めた全員参加

モノづくりや品質保証は,工程全員で行っている.すべてのメンバーの品質に対する意識が向上しないと,現場は強くなれない.自部署,他部署,社員,パートナー,職制に関係なく,多くの意見を集めて改善を図る.

④ QCサークルは仕事

QCサークル活動は自主管理が基本であるが,テーマの上司承認と,職場への共有化によりインフォーマルな行動ではなく,フォーマルな業務・仕事になるので,上司の支援・指導のもとに置くことで経営活動に貢献する.

⑤ 事業場長の役割

QCサークル育成方針の宣言と,職場第一線で自らQCサークル活動への関心を示す.

3.7.3 QCサークル活動の活性化における管理職の役割と実践

前述のとおり,QCサークル活動は,あくまで自主性を尊重した活動であるが,この活動をさらに盛り上げていくためには,経営者から一般社員に至るまで,それぞれの役割を認識しておくことが重要である.QCサークルに対する職制からの働きかけとQCサークルの盛り上がる

活動とがうまく合致して，初めて QC サークル活動は成功し，全員参加の活動が実現できると考えている．

当社が考える管理職の役割を次に示す．

（1） 事業場長・工場長の役割

QC サークルを，どのように育てて，成長させていくかについて，方針を考える．

① 活動の基本方針を策定する

QC サークル活動に対する事業場の方針を作成し，工場内へ展開することで，活動への関心・期待の大きさを明示し，動機づけを行う．

② 活動しやすい環境づくりを行う

会合場所の確保，活性化のための予算の確保など，工場全体に関係する施策を行い，活動しやすい環境を整備する．

③ 管理・監督者に対して QC サークルの勉強をさせる

QC サークル活動を正しく理解し，職制として活動をサポートするために，QC または QC サークルを勉強する機会を設ける．

（2） 管理・監督者の役割

暖かく見守り，のびのびと明るく QC サークル活動ができるような雰囲気づくりをする。

① チーム内活動方針の提示と実施のフォロー

工場の QC サークル活動に対する方針を受けて，チーム方針を作成・提示し，その実施状況をフォローする．

② QC サークルの編成・リーダーの選出

QC サークルの編成・リーダーの選出を行い，承認する．

③ 懇談，巡視などによるコミュニケーションの充実

QCサークルとの定期懇談，会合の巡視などで常にコミュニケーションを図り，気楽に話し合える雰囲気づくりを行う．
④ 活動しやすい環境づくり
業務調整，改善対策費用などの確保，必要に応じ関係部署に協力を要請するなど，QCサークルが活動しやすい環境を整備する．
⑤ チーム内のQCサークル教育・研修会の実施
チーム内のQCサークルをレベルアップするために，勉強会を企画し，実施する．
⑥ 活動内容のフォローと助言・援助
QCサークル活動の進行状況を常に把握して，誤りを正し，活動阻害要因を取り除き，最後までやり抜けるよう助言・援助する．
⑦ 指導会の開催
活動状況を把握し，激励するために，必要に応じて指導会を開催し，現地・現物で活動プロセスの指導や評価，慰労と激励を行う．
⑧ 自己啓発・相互啓発の場の設定
社内，社外のQCサークル大会，交流会への派遣を積極的に推進する．

3.7.4　QCサークルに求める人材育成の役割

当社は，「産業人たるの本分に徹し，社会生活の改善と向上を図り，世界文化の進展に寄与せんことを期す」という経営理念のもとで，「A Better Life, A Better World」の実現を目指している．また，創業時より脈々と受け継がれる「モノを作る前に人をつくる」というフィロソフィを事業経営の根幹に据え，人と職場の活力向上を支えるQCサークル活動を通じて，「価値観の伝承」「個人の能力向上」「明るい職場づくり」および「経営基盤の強化」を図ってきた（図3.13）．

2016年2月時点で，パナソニックグループでは，約5,000サークル，

3.7 事例7「パナソニック株式会社」

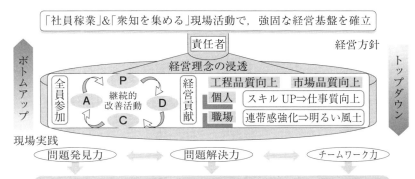

図3.13 品質を牽引する人材育成のしくみ

約43,000人がグローバルに活動を行っている．以下にQCサークルに求める人材育成の役割に視点を置き，社内カンパニー2社の取組みを紹介する．

(1) オートモーティブ＆インダストリアルシステムズ社（AIS社）の取組み

図3.14はオートモーティブ＆インダストリアルシステムズ社（以下，

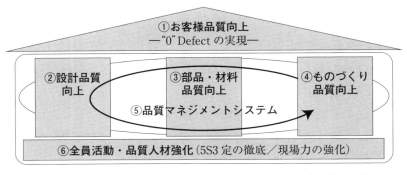

図3.14 AIS社における品質活動のフレームワーク「品質の家」

AIS社)の品質活動のフレームワークを示した「品質の家」である．お客様が求める品質「0-Defect」を実現させるためには，柱となる「設計品質向上」「部品・材料品質向上」「モノづくり品質の向上」の取組みが必要であり，それらの活動を空気の如くスムーズに循環させるためには「品質マネジメントシステム」が必要である．これらの活動はしっかりした基礎があって初めて有効に働くものであり，活動を下支えするのは人そのものである．「全員活動・品質人材強化」を，現場・現物で行うQCサークル活動をこの活動の重要な一つとして位置づけている．今後も職場の身近な課題・悩み事を現場・現物でQCサークル活動を通じて解決していき，品質スキル，コミュニケーション能力の向上とともにモチベーションの高揚に繋げていく．

(2) エコソリューションズ社(ES社)の取組み

エコソリューションズ社(以下，ES社)では，以下を目的にQCサークル活動を進めている．

　① 個人及び組織の能力向上
　② 経営成果への貢献

より多くの人，組織に「個人及び組織の能力向上」を実現させるために，ES社では，サークル活動を製造部門(QCサークル)，間接部門(WIT(Work Improvement by Total thinking)サークル)，顧客接点部門(CS(Customer Satisfaction)サークル)という3つの分野を設定し，QCサークル活動に取り組んでいる．そのなかで顧客接点部門は，営業部門の改善活動を促進させるES社オリジナルの活動であり，CS(顧客満足向上)を目的に小集団を結成し，自らテーマを設定し，お客様が満足し，喜ぶ活動を行うべくショウルームや修理サービス部門，営業所を中心に活動している．また，間接部門では，2年前より，新たに人事部門，経理部門などの本社スタッフ部門もQCサークル活動を導入し，本

3.7 事例7「パナソニック株式会社」

社職能の課題に対する改善を加速させている．このように QC サークル活動を通じて，全職能が改善力をつけ，強い組織の構築・維持を狙っている．

また，さらにサークル活動が常に活性化し，成長し続けられるよう，ES 社独自で自己診断制度を設けている．ES 社の全サークルは，年度末に1年間の活動をチェックリストにもとづき振り返り，強み・弱みを認識する．これは，単なるテーマの善し悪しや成果の大小ではなく，QC サークルにおけるテーマの解決方法，その活動の運営方法，職制の関与度など体質面を評価し，PDCA を回して QC サークル活動の体質のレベルアップにつなげている．各サークルはテーマ解決件数のほかに，この自己診断ランクの向上も目標として掲げ，QC サークル活動を実践し，日々個人の成長，組織の成長に磨きをかけている．

　　　（パナソニック株式会社　オートモーティブ＆インダストリアル
　　　　システムズ社　事業基盤強化センター　品質・環境部　福田哲也）

4章

現場の人材育成における QCサークルの役割

4章 現場の人材育成における QC サークルの役割

　第3章の各社の活動事例は大変興味ある内容である．特に「QC サークルに求める人材育成の役割」は，現場における人材育成に QC サークル活動がどのように位置づけられているか，その考え方や期待度が明確に記述されている．各社に共通している QC サークル活動の考え方は，品質最優先を実践する改善活動を通じた企業風土と職場第一線の人材育成に機軸をおいた活動と位置づけていることにある．

　そこで，各社が記述されている職場第一線の人材育成における QC サークルの役割を抜粋し，まとめてみると以下の6項目に集約されるだろう．

4.1　職場第一線の人材育成における QC サークルの6つの役割

（1）　問題発見・問題解決の実力向上

　「企業価値向上につながる改善活動ができる人材が育成される」（関西電力）

　「改善風土が醸成されてくると，職場を理解し，方針を理解することで新たな問題を発見する目が養われ，問題発見能力が身についてくる」（積水化学）

　すなわち，「QC サークル活動(小集団改善活動)」（以下，QC サークル活動）を通じて，現場における問題の発見，要因の解析，方策の立案・実行，結果の評価，標準化，しくみの構築という現場力の基本を身につけることができる．そのプロセスにおいて，問題解決の論理性をもった現場の人材を育成することができる．また，現場での改善活動を実践するなかで QC 手法を正しく学び，生きた活用を経験することができる．QC サークル活動は，問題解決に必要な QC 手法の学習と実践が経験で

きる場であり，サークルという集団のなかで相互研鑽することでメンバーの問題解決の実力が向上する．

（2） 個人の成長と組織能力の向上

「さらなる改善への意識・意欲・能力の向上へと正の循環がもたらされ，現場力の向上，「強い現場力」の習得につながる」（コマツ大阪工場）

「問題解決の体験を重ねることで自信がついてきて，そのことがさらなる学習意欲を喚起し，また，職場や改善活動における新たな役割に挑戦するなどの積極行動につながる」（積水化学）

「テーマ解決件数のほかに，自己診断ランクの向上も目標として掲げ，QCサークル活動を実施し，日々個人の成長，組織の成長に磨きをかける」（パナソニック）

「価値観の伝承，個人の能力向上，明るい職場づくりおよび経営基盤の強化が図れる」（パナソニック）

すなわち，QCサークル活動は，組織が求める自律創造型人材を育成する最良の手段であり，現場作業者の自主性，自発性，自律性を育むことができる．自分で考え行動できる能力を醸成する力をもっているため，結果として，個人の成長とともに，組織能力を最大限に発揮させることが可能となる．

（3） ナレッジワーカーへの成長

「担当する分野の専門技術・知識だけでなく，QC的な考え方や科学的なアプローチで問題を解決に導く力，議論する力，資料をまとめる力，伝わる表現力を身につけるなど，個々人の能力伸長が図れる」（関西電力）

「グローバルで活躍できる人材の育成として各職能におけるプロフェ

ショナルを育てることができる」(コマツ大阪工場)

　すなわち，QCサークル活動は，現場作業者の知識・スキルを引出し，共有し，活用できる場である．メンバーは，改善活動を通じて，積極的に知識・スキルを共有し相互啓発のなかでマニュアルからナレッジへと転換でき，ナレッジワーカーに必要な能力を培うことができる．このように，知識社会において必要なコミュニケーションやコラボケーションを身につけることができ，現場のナレッジを修得することが可能となる．

(4) チャレンジ精神とイノベーションの醸成

　「問題解決の体験を重ねることで自信がつき，さらなる学習意欲を喚起し，職場や改善活動における新たな役割に挑戦するなどの積極行動が生まれる」(積水化学)

　すなわち，QCサークル活動では，グループで衆知を結集して改善活動を行うため，個の能力を超えた能力を発揮することが可能となり，チャレンジ精神を向上させることができる．日常の小さな改善活動と高い目標に向けたチャレンジ活動の両面を修得することができるため，現場における日々のSDCAサイクルの実行と挑戦的な高い目標へチャレンジする現場力を醸成することが可能となる．このような行動は，改善・改良，イノベーションを生み出す"土壌"をつくり出す効果をもっている．

(5) 現場力の向上

　「現場で起こっている現状を事実，現地・現物，データを基本として，徹底した現状把握ができる習慣が身につく」(エクセディ)

4.1　職場第一線の人材育成における QC サークルの 6 つの役割

「日々発生する問題を解決し，課題を達成していくことで，将来起こり得るより大きな問題への対応能力が養われる」（ジェイテクト）

「全員を同じ方向に向かわせ職場が強い競争力を発揮することができる」（ダイハツ）

すなわち，QC サークル活動は，現場作業者の小集団による現場力を強化する活動であり，現場において発生した日常トラブルを解決するために SDCA を確実に回して，常に最良の結果を得るための継続的な改善活動が実践できる力をもっている．

現場作業者は業務のなかで現場を最もよく知っている．平時（維持）の現場力，有事（改善）の現場力は現場作業者が身につけなければならない能力だが，それら現場力をさらに高め，確固たる日常管理を実現するために，QC サークル活動は，大きな力を発揮する．

また，QC サークル活動は，現場で発生する品質問題を自主的に取り組み，工程で品質をつくり込むための強力な実戦部隊である．品質第一の考えのもとで自工程完結をめざし，後工程をお客様と考え自工程の責任を確実に果たせる活動といえる．

（6）　人間性の向上

「小さな集団（組織）を経営することで，経営者としての感覚を養うことができる」（ジェイテクト）

「製品の質の前に，職場の質や人の質を高めることができる」（ダイハツ）

「品質スキル，コミュニケーション能力の向上と共にモチベーションの高揚が図れる」（パナソニック）

すなわち，QC サークル活動は，単なる現場での改善を実践するだけ

の集団ではない．サークルを構成することで個人のモチベーションを高め，仕事への喜びと仲間とのコミュニケーションを育むことで周りから評価され，自身の存在感を認識するという人間としての成長を促す最良の方法といえる．結果，継続する力（ねばり，執着，愚直）を育成することが可能となる．

あ と が き

　本書では，QCサークル活動がもっている計り知れない職場第一線の人材育成の力を，「QCサークルメンバー（個人）とQCサークルという（集団）が果たしている企業への貢献を10の力」としてまとめた．これらの10の力は互いに独立したものではなく，むしろ互いに関係し合っているものである．それぞれの解説において同じような表現やニュアンスが多く記述されて重複した内容になっているところもある．それは，QCサークル活動の本質は，QCサークル活動を取り巻くすべての人々の成長，すなわち，人材育成に寄与するという基本的な糸で結ばれているからである．

　QCサークルは，単なる改善活動を行う集団ではなく，企業や組織の活性化と発展に大きく貢献している集団という位置づけである．また，これらの活動を通じてQCサークル活動に関係している多くの人の育成に有効な最良の手段ということである．

　このように，QCサークル活動には素晴らしい力が秘められている．

　わが国には，個人を育て集団を大切にする文化が昔から存在している．

　わが国の多くの企業は，QCサークル活動を一貫して人材育成・職場の活性化の一助として重要な活動と位置づけている．「組織は人によって構成され，人は組織のなかで成長し，人は組織に貢献する」という考え方が今日までの日本企業の発展の礎になっている．

　ものづくり産業やサービス産業などの職場の第一線で働く人びと全員が，QCサークル活動に参加して継続的な改善を続けることで，現場力を高め，結果として自己の成長を促してきた．

　QCサークル活動の定義や理念は，QCサークルメンバーの能力向上・自己実現により，明るく活力に満ちた生きがいのある職場づくりを

あとがき

目指し，企業の体質改善・発展に寄与できる人材育成・職場活性化の重要な活動として位置づけられてきた．

このことからもわかるように QC サークル活動は，職場第一線で働く人々の能力を向上させ，働く喜びをもち企業の発展に貢献できる人材の育成をねらいとしている．この力は，個人や組織の活性化に大きく貢献し，日本企業の発展にも貢献してきた．

「ものづくりはひとづくり」といわれるように，職場の活性化を目的とした人の成長は，日本のものづくりの国際競争力を高めてきた大きな柱の一つとして世界中から注目されている．今日のグローバルな時代において QC サークル活動が，新興国を中心として全世界の人材育成にますます貢献していくことを願っている．

参 考 文 献

1) QCサークル本部編(1996)：『QCサークルの基本』，日本科学技術連盟
2) QCサークル本部編(1997)：『新版 QCサークル活動運営の基本』，日本科学技術連盟
3) 岩崎日出男監修，QCサークル近畿支部「QCサークル活動10の力」ワーキンググループ著(2015)：『品質月間テキストNo.412 QCサークル活動10の力―QCサークル活動(小集団改善活動)は，人を育て現場を活性化させる最良の手段―』，品質月間委員会
4) 岩崎日出男編著(2008)：『JSQC選書3 質を第一とする人材育成―人の質，どう保証する―』，日本規格協会
5) 久保田洋志(2016)：『JSQC選書25 QCサークル活動の再考』，日本規格協会
6) 遠藤功(2004)：『現場力を鍛える「強い現場」をつくる7つの条件』，東洋経済新報社
7) 細谷克也(2000)：『すぐわかる問題解決法 身につく！ 問題解決型・課題達成型・施策実行型』，日科技連出版社
8) QCサークル本部編(2012)：『QCサークル誕生50周年年史(1962－2012)』，日本科学技術連盟
9) QCサークル近畿支部50周年記念行事実行WG(2014)：『QCサークル近畿支部 支部創立50年の"あゆみ"』，QCサークル近畿支部
10) 品質管理セミナー部課長コーステキスト(2014)：『経営に貢献するQCサークル活動』，日本科学技術連盟
11) 細谷克也(1984)：『QC的ものの見方・考え方』，日科技連出版社

索　引

[英数字]

4M（人，方法，設備，材料）　*11*
5S 活動　*10*
PDCA サイクル　*46, 48, 60*
QC サークル活動（小集団活動）　*2*
　　──の活性化　*61, 68, 76, 83, 90, 98, 102*
　　──の基本理念　*2*
QC サークルの基本　*2*
QC 手法　*30*
QC ストーリー　*31*
QC 的ものの見方・考え方　*45, 47*
QC 的問題解決の手順　*30*
QC 七つ道具　*31*
SDCA サイクル　*8, 11, 17, 19*

[あ　行]

後工程はお客様　*19, 46*
ありたい状態と現状とのギャップ　*25*
あんどん方式　*27*
異質の協力　*39*
維持と改善　*17*
維持の現場力　*19*
イノベーション　*40, 41*
　　──の醸成　*112*

[か　行]

解析力　*11*
改善・改良　*42*
改善の樹　*41*
改善の現場力　*19*

過去を知ること　*24*
価値観　*38*
管理技術　*17*
企業は人なり　*5*
疑問をもつ心　*22*
共通価値　*55*
共通認識　*27*
協働的な環境　*14*
業務遂行型　*8*
業務遂行能力　*53*
業務の管理監督能力　*53*
愚直　*50*
経験からの学習のプロセス　*24*
経験則　*24*
継続する力　*50, 55*
継続的改善　*34*
現状打破　*22*
現場魂　*8*
現場のありたい姿　*25*
現場の見える化　*27*
現場力　*4, 5, 11, 17, 18, 67, 81, 88, 96*
　　──の向上　*112*
個（現場作業者）の成長　*14*
行動意識　*15*
顧客指向　*53*
個人の疑問　*26*
個人の成長　*51, 111*
個人の力　*50, 52*
個人は点　*36*
コストセンター　*27, 29*
個性の尊重　*38*
個の速度　*50, 52*

コミュニケーション　43
固有技術　17
混合集団　25

[さ　行]

再発防止　48
士気　52
自工程完結　21, 46
自己啓発　14
自己研鑽　34
仕事の能力　9
事実による管理　48
指示待ちの仕事　8
自主管理活動　13
自主性　13
自主的な仕事　8
自主リーダーシップ　13, 14
次世代の現場リーダー　15
実行力　11
実践的PDCA　45
自発性　13
従業員満足(ES)活動　53
集団は面(または体)　36
執着　50
重点指向　48
消費者指向　47
将来のありたい姿　25
職場第一線　3
自律性　13
人材育成　62, 69, 78, 85, 93, 99, 104
　　──の企業例　58
水平展開　27
スキル　17
スパイラルアップ　47
全員参加　36, 38, 47

全体最適　51
先輩から後輩へ　24
創意・工夫　41
総合的(全社的)品質管理(TQM)　2
相互啓発　14, 26
相互信頼　39
相助効果　55
創造力　11
層別　33
組織(集団)の能力　36
組織の一体感　50
組織能力　36, 111
　　──の最大化　38
組織の壁　53
組織の疑問　26
組織の成長　51
組織目標の達成　14

[た　行]

小さな変化(改善)　40, 41
知識社会　40
チャレンジ精神　112
挑戦意欲　13
つくり込みの品質　10
強い現場　23
データ　31
手順・しくみ構築力　11
点から面(体)　36
トラブルの未然防止　28

[な　行]

ナレッジワーカー　40, 42, 111
日常管理　17
人間性の向上　113
ねばり　50

索　引

［は　行］

発表経験　　34
話合い（コミュニケーション）　　37
ばらつき管理　　48
バリューセンター　　29
ヒエラルキー思考　　53
人の壁　　53
評価力　　11
標準　　20
　——化　　17, 19
品質第一　　45, 47
品質は工程でつくり込む　　45, 46
付加価値を生み出す現場　　29
部分最適　　53
部門の壁　　53
プロセス管理　　48
平時の現場力　　17, 18
ベクトル　　35

［ま　行］

マニュアルからナレッジへと変換する能力　　43
守り型組織　　53
見えていない問題　　23
見えている問題　　23
見える化　　27
自らの意識改革　　15
未然防止　　48
ミドルトップダウン　　5
未来の予測　　24
目的意識　　13
目的思考　　53
モチベーション　　52
もの社会　　40
モラール　　52
問題意識　　38
問題解決　　31, 110
　——型　　8
　——のプロセス　　25
　——の論理性　　32
問題発見　　110
　——力　　11

［や　行］

有事の現場力　　17, 18

［ら　行］

労働意欲　　52
論理的思考　　31

● 監修者紹介

岩崎 日出男 (いわさき ひでお)

1945年　大阪府生まれ
1967年　大阪工業大学工学部工業経営学科卒業
1999年　大阪府立大学大学院工学研究科電気情報系専攻博士後期課程修了
2000年　近畿大学理工学部経営工学科教授
2002年　近畿大学理工学部機械工学科教授
2008年　近畿大学理工学部長
現　在　近畿大学名誉教授

　工学博士．デミング賞本賞受賞(2013年)．
　主要著書に『経営学の基礎知識』(有斐閣，1973年)，『品質管理のための統計的方法』(共立出版，1989年)，『クォリティマネジメント入門』(日本規格協会，2004年)，『日本品質管理学会選書3　質を第一とする人材育成』(日本規格協会，2008年)，『品質管理検定講座　［新レベル表対応版］QC検定1級〜4級模擬問題集』(日科技連出版社，2015年，2016年)．

● 編者紹介

北廣 和雄 (きたひろ かずお)

　1974年積水化学工業株式会社入社，メディカル事業本部技術部長，本社技術部品質管理室長などを経て，現在，生産力革新センターCS品質グループ技術顧問．滋賀大学データサイエンス教育センター特別招聘教授．関西学院大学専門職大学院経営戦略研究科非常勤講師．QCサークル近畿支部幹事長(2004年，2015年)．
　博士(工学)，技術士(経営工学部門・総合技術監理部門)，APECエンジニア(インダストリ)．日本品質管理学会品質管理推進功労賞(2008年)．
　著書に『外観品質保証　製品外観の完成度・信頼性を高める考え方と進め方』(日科技連出版社，2014年)．

松尾 寿 (まつお ひさし)

1959年　大阪府生まれ
1982年　大阪府立大学工学部経営工学科卒業
1982年　株式会社大金製作所(現　株式会社エクセディ)入社
現　在　M&T生産業務室室長などを経て，グローバル人材開発本部 GETS推進部　主事

QC サークル 10 の力
―職場第一線の人材育成―

2016 年 12 月 23 日　第 1 刷発行

監　修　岩崎　日出男

編　者　北廣　和雄　松尾　寿

著　者　QCサークル近畿支部「QCサークル10の力」ワーキンググループ／QCサークル近畿支部 7 企業

検印
省略

発行人　田中　健

発行所　株式会社　日科技連出版社
〒151-0051　東京都渋谷区千駄ケ谷 5-15-5
DS ビル
電話　出版 03-5379-1244
　　　営業 03-5379-1238

Printed in Japan
©Hideo Iwasaki et al. 2016
ISBN978-4-8171-9604-0

印刷・製本　㈱中央美術研究所
URL　http://www.juse-p.co.jp/

本書の全部または一部を無断で複写複製(コピー)することは，著作権法上での例外を除き，禁じられています。